ツールからエージェントへ。
弱いAIのデザイン
人工知能時代のインタフェース設計論

クリストファー・ノーセル　著

武舎広幸、武舎るみ　翻訳

DESIGNING AGENTIVE TECHNOLOGY
by Christopher Noessel

Copyright©2017 Christopher Noessel
Rosenfeld Media, LLC
540 President Street
Brooklyn, New York
11215 USA

Japanese translation published
by arrangement with Rosenfeld Media, LLC
through The English Agency(Japan)Ltd.

The Japanese edition was published in 2017 by BNN, Inc.
1-20-6, Ebisu-minami, Shibuya-ku, Tokyo 150-0022 JAPAN
www.bnn.co.jp
2017©BNN,Inc. All Rights Reserved.

Printed in Japan

・原注は本文内に示し、頁下に掲載した。訳注は本文中に〔 〕で括った。
・本書に出てくるURLは、2017年9月現在でアクセス可能なものとなっている。

本書をわが伴侶ベンジャミン・レミントンと息子のマイルズに捧げる。夕飯の食卓にマインドマップを広げてアウトラインやスケッチに没頭し、オタクな話題を持ち出し、真夜中過ぎまでキーボードを叩き続ける、そんな筆者を辛抱強く見守り、励ましてくれた。こうしていつも私を支えてくれる二人に愛と感謝を。これからはバジリスクが捕まえに来ても、この本で身を守ればいいね。

本書の使い方

対象読者

本書は次の3.5種類の読者を念頭に置いて書いた。

第1のグループはプロダクトオーナーやITストラテジストだ。自社製品の差別化を図り、戦略的優位性を確立するためにエージェント型技術を理解する必要があるだろう。本書で、エージェント型技術がユーザーや顧客にもたらす価値を知ってほしい。

第2のグループはインタラクションデザイナーや教育者、研究者や学生だ。デザイン現場での話題として、研究や議論のテーマとして、さらにはエージェントが関与しそうなプロジェクトに役立つアイデアとして、エージェント型技術を理解しておくとよいだろう。エージェント型技術には長い歴史があるから、本書でそのルーツを知り、ユースケース(利用シーン、シナリオ)や倫理上の問題なども把握してほしい。

第3のグループは未来学者や技術系の評論家だ。「弱いAI」とも呼ばれる、特化型人工知能(artificial narrow intelligence, narrow AI, 狭いAI)が一般の人や組織に何をもたらすか、その理解を深める必要があるだろう。本書で紹介したモデル、事例、デザインに関するアイデアがあなたにとって有益な刺激になることを願う。

さて、さきほど「3.5種類の読者」と書いたが、残る「0.5」は、筆者のブログscifiinterfaces.comの読者、つまりSF(サイエンスフィクション)系の作者たちだ。筆者自身、SF系の映画や小説に登場するデザインのまずさに幻滅させられたことが何度あったか、本当に数え切れないのが現状だ。現状に追いついていないものさえあるし、ましてや納得できる未来像が描けているものなど滅多にない。したがって、本書によって映画や小説の作者が、自分たちの作品の登場人物ができることややるべきことを理解してくれることを願っている。たしかにSF系の作者なんてこの本の読者のほんの一握りでしかないが、オタクのひとりである筆者にとってはとても身近で大切な存在なのだ。あなたがSF系の作者なら、どうぞこの本で特化型AIに何ができるかをきちんと理解し、今後の作品に役立つアイデアを見つけて欲しい。第12章の倫理的な側面に関する内容を読めば、新たな暗黒世界（ディストピア）に役立つアイデアを得ることもできるだろう。

本書の構成

　強い反対意見もあったが、本書は「論理的な議論」として構成した。これはこの宇宙の性質と、私自身の人となりを反映したものだ。

　パートⅠ「新たな視点」では、エージェント型技術とは何かを具体例と共に説明する。エージェント型技術は真に新しく、唯一無二で、非常に面白い独自の技術カテゴリーを形成しているが、興味深い「祖先」を持ち、また独特の考慮点が存在するというのが筆者のスタンスである。

　パートⅡ「実践」では、パートⅠでの主張を納得してもらえたという前提に立って、エージェント型技術に密接な関係を持つユースケース（利用シーン）を紹介していく。ユーザーなど当事者自身の考えや行動に焦点を当てて描写、解説した。また、身近でわかりやすい事例として、「ミスター・マグレガー」という家庭菜園作りを手伝う架空のエージェントを構想しデザインするコラムも設けた。

　パートⅢ「展望」では、エージェント型技術が何をもたらすかを検討する。この技術に関連する分野の将来像、この技術が提起する倫理問題などだ。「夏の夜の軽い読み物」というつもりで書いたものではない。

　Appendix A「エージェント型技術のタッチポイント」では、参照しやすいよう、本書で参照したユースケースを一箇所にまとめた。最初のページでは時系列で整理し、次のページではパートⅡの各章冒頭に載せた概念モデルをまとめる形にしてみた。

　Appendix B「エージェント型技術の事例一覧」は、本文で紹介する、現実の世界ですでに使われている事例の数々をまとめたものだ。実用化の事例は他にもあるし、今後、続々と登場すると期待している。ただ、参考にする模範例がひとつ欲しい、という向きには「Appendix Bを探せば、比較的楽に見つかるはず」と申し上げておく。

本書のサポートページ

http://rosenfeldmedia.com/books/designing-agentive-technology/に本書のサポートページがある。本書で使用した写真やイラストの中にはクリエイティブコモンズ・ライセンスの規定に従ってダウンロードし、読者自身の用途に利用できるものもある。Rosenfeld Mediaやクリストファー・ノーセルほか著作権所有者を明記すべき場合には、忘れずに記載してほしい。データはFlickr（https://www.flickr.com/photos/rosenfeldmedia/sets/72157679931797503）にある。また、筆者はツイッターでも@AgentiveTechでこのトピックに関するツイートを続けている。

よくある質問

英語のタイトル『Agentive Technology』の「Agentive」は、どう発音するのですか?

agentiveはagent（エージェント）から派生した形容詞ですが、近年、一般にはあまり使われていないため、筆者は最初の音節にアクセントをつけて［éidʒəntiv］（エイジェンティブ）と発音しています。こうすれば、この言葉を初めて耳にした人も、元の単語agentがすぐに思い浮かぶので、意味を理解してくれやすいでしょう。［ədʒéntiv］（アジェンティブ）と第2音節を強めて読む人もおり、こちらのほうが発音しやすい感じもありますが、意味の理解という点では［éidʒəntiv］に及びません。

この種の技術をあなたが発明したのですか?

いえいえ、とんでもない。第4章を読めばわかりますが、作業の一部分であれ自発的にやろうとする機械、という概念は、少なくとも古代ギリシャ時代にまで遡ります。ですからもちろん、この手の技術を発明したのは筆者ではありません。ただ、過去2、3年の間にエージェント型のシステムをいくつかデザインした経験があり、そのうち3番目のプロジェクトの最中に、（クリストファー・アレグザンダー的な意味の）繰り返し登場するパターンがあることに気づきました。そこで、ユーザー中心設計に関する本でそういった技術を扱っているものがないか探してみましたが見つからなかったので、自分で本を書くことにしたわけです。

エージェント型技術の中でも一番とっつきやすい例を教えてもらえませんか?

第1章で紹介した「ネスト・ラーニング・サーモスタット」はどうでしょうか。米国で広く使われている人気のサーモスタットです。また、米国以外の人や、この製品を知らない人でしたら、ペットの自動餌やり器を思い浮かべてみてください。あなたが飼い猫に餌をやるための道具ではありません。自分の猫に対してどう餌をやって欲しいのかをあなたが指定するためのツールは備えていますが、実際の「餌やり」の作業の大半はその機械がやってくれます。ただし「餌を補充する」「回転刃に餌が詰まったら、それを取り除く」「餌やりのスケジュールを一時停止したりカスタマイズしたりする」といった具合に、あなたの出番もないわけではありません。このようにメンテナンスやカスタマイゼーションのためのタッチポイント（ユーザーとの接点）が存在する点がオートメーション

との違いであり、まさにそこがデザイナーの腕の見せ所でもあります。これ以外にもすでに実用化され現実の世界で使われている事例がいくつもあり、本書でも紹介していますが、それをひとつにまとめたのがAppendix Bですので参考にしてください。

エージェントのプロジェクトを始めようとしている者です。
スムーズなスタートを切るためのアドバイスをいただけませんか?

まずはAppendix A「エージェント型技術のタッチポイント」の最初のページの図を見てください。一般的なユースケースを大まかですが時系列に並べたものです。構想中の製品を思い浮かべて、この図のユースケースのうち自分のプロジェクトに当てはまるのはどれか考えてみてください。ユースケースの詳細についてはパートⅡの各章を参照し、それを軸にシナリオを組み立てていってください。以上で、競合他社(者)よりも優位に立ったスムーズなスタートが切れるはずです。

本書で個々のタッチポイントにおける具体的なインタフェースデザインについて
深く掘り下げなかったのはなぜですか?

エージェント型技術では主としてユースケースで差異が出るため、パートⅡを設けて、そうしたユースケースを明確にし説明しました。個々のタッチポイントのインタフェースデザインに関する手法や技法が知りたければ、インタラクションやインタフェースデザインの既存のプラクティスが参考になるでしょう。ただしトリガー(きっかけ)とビヘイビア(振る舞い)をユーザーが指定するためのインタフェースは注意すべき例外です。これについては第5章を参照してください。また第8章ではCNLB(constrained natural language builder: 語彙を限定した自然言語による検索条件指定ツール)と呼ばれるインタフェースパターンを紹介しました。これをあなたのエージェントのインタフェースにカスタマイズしてもらってもかまいません。

またひとり、受け売りで人工知能(AI)をみんなに押し付けようとするお気楽な未来
派の旗振り役が登場か! いい加減に目を覚まして自分の頭を使って考えてみろ!

厳密に解釈すれば、これは「質問」ではありません。率直に言って、「過剰反応」と言ってもよいでしょう。とはいえ本書はこういう人たちの役にも立てると思います。たとえば第2章を読んでもらえば、弱いAI(特化型AI)と強いAI(汎用AI)の違いがわかるはずです。それがわかれば、「汎用AIと違って特化型AIは、賢くなればなるほど安全性が増す」ということも理解できるようになるでしょう。また、第12章の最後のほうで書

いたように、エージェントに関するルールを世界規模で集めて、それをオンラインの汎用AIに提供すれば、「人間が自分自身をソフトや機械にどう扱って欲しいと思っているか」を理解させる上で、有益なデータセットになると思います。この質問者さんとは最初にちょっと火花を散らしましたが、結局こんなプラスの回答ができました。

この本の著者は、もしかしてあのSFのインタフェースの研究者？

そうです。二人でscifiinterfaces.comというブログをやっています。SFのインタフェースについての講演もやっていますし、ワークショップや「SF映画の夕べ」といったイベントもやっていますから、あなたはそれに来てくれていたのかもしれませんね。この他、2012年にネイサン・シェドロフとの共著で『SF映画で学ぶインタフェースデザイン——アイデアと想像力を鍛え上げるための141のレッスン』（丸善出版、2014年）という本も出版しました。現実の世界のデザイナーがSFインタフェースから学べることを紹介した本です。当然、本書でもSF関連の説明が皆無というわけではありません——第2章では多少、そして第13章では2つの重要な箇所で、SF関連の事柄に言及しています。こうした説明を読んでもらえば、エージェントというコンセプトをしっかり念頭に置いて書かれたり作られたりした作品と、念頭に置かなかった作品との明確な違いがわかってもらえるでしょう。

さっと手をひと振りすれば、どんなものでもエージェントに、
なんて世の中になったらどんなものを作りますか？

白状するとミスター・マグレガー（エージェント型家庭菜園作り）のコラムを書いたのは、ひとつには筆者が農場とは無縁の大都市の生まれで、野菜の栽培に関してはまるで無知だからです。筆者のように野菜の気持ちは全然わからないけれど、自分の庭から採ってきた新鮮な野菜や果物を食卓に乗せる日を夢見ている人には、ぜひこのコラムを読んでほしいものです（第5章から第8章までの章末に添えてあります）。その次に「あったらいいな」と思っているのは携帯電話搭載型のエージェントです。通話内容に聞き耳を立てては事実や枠組みを確認して、批判的な思考を促し、嘘やでたらめを言う気を失わせるエージェント。「ウンコな論者が目指しているのは聞き手を感化、説得することのみ、自身の主張の正誤になど関心がない」と主張した米国の哲学者ハリー・G・フランクファート的なエージェントです。

目　次

004	本書の使い方
006	よくある質問
014	日本語版に寄せて
016	日本語版まえがき：渡邊恵太
020	まえがき：フィル・ギルバート
022	はじめに

パート1　新たな視点

027	**第1章　サーモスタットの進化**
029	温度調節のための道具
029	ドレベルの「サーモスタット」
034	ネスト・ラーニング・サーモスタット
036	この章のまとめ ── ツールからエージェントへ
037	**第2章　エージェント型技術の到来**
038	物理的な労働の削減
039	情報処理作業の軽減
040	エージェントは物理的な作業と情報処理をまとめて行う
045	「エージェント型技術」の実践的定義
051	エージェント型技術の範囲
058	この章のまとめ ── エージェントとは永続的に裏方に徹する助っ人だ
061	**第3章　エージェント型技術が世界を変える**
062	「瞬間」から「興味」へ

Contents　　　9

067	不得意な作業をエージェントに任せる
071	エージェントは人間がやりたくないことを引き受けてくれる
072	エージェントは人には頼みにくいことをやってくれる
073	エージェントに任せきりにすべきものとそうでないもの
075	エージェントは「ドリフト」で「発見」を促す
077	エージェントは最小限の努力での目的達成を助ける
079	シナリオは生涯に及ぶ
080	エージェント同士の競争も
081	エージェントはインフラに影響を与えるほど拡大中
082	エージェントは場所やものに結びつく
083	エージェントは人間の弱点を克服するのにも役立つ
084	エージェントを介して世界をプログラムする
086	エージェントは人類の未来を大きく左右する（かもしれない）
088	この章のまとめ —— そう、世界が変わるのだ

089	**第4章　エージェント研究の歴史から学ぶべき6つのこと**
092	神話に劣らぬ古さ
094	コンピュータは主導権を取れる
095	なかなか思いどおりにならないオートメーション
099	肝心なのはフィードバック
100	エージェントは水物
103	エージェント型と支援型の境界は今後あいまいに
104	この章のまとめ —— エージェントの先達に学ぶ

パートII　実践

107	**第5章　インタラクションの枠組みの修正**
108	see-think-doループの見直し
112	エージェントのセットアップ

112	エージェントが行っていることの把握
113	エージェントにタスクを実行させる、あるいはエージェントの作業を支援する
113	エージェントの中断
113	ルールと例外、トリガーと挙動
114	検討すべき最先端技術
120	この章のまとめ —— 新たなアプローチ
121	ミスター・マクレガーによるエージェント型家庭菜園作り

129　第6章　セットアップと始動

131	性能や機能を伝える
132	制約を伝える
134	目標や好みの定義と許可の取得
137	動作テスト
138	本番開始
141	この章のまとめ —— セットアップは面倒なものになりがち
142	ミスター・マクレガーによるエージェント型家庭菜園作り

151　第7章　万事順調に作動中

152	一時停止と再開
153	監視
154	ユーザー自身による並行作業
155	通知
159	この章のまとめ ——「万事順調に作動中」は扱いが比較的楽な部分
160	ミスター・マクレガーによるエージェント型家庭菜園作り

167　第8章　例外の処理

170	インタフェースの今後の行方は?
170	「信頼のジェットコースター」も要注意
172	リソースの制限
172	単純明快な操作

173	トリガーの調整
182	ビヘイビアの調整
188	ハンドオフとテイクバック
188	中断とユーザーの死
189	この章のまとめ ―― 例外処理は「関門」となりがち
191	ミスター・マクレガーによるエージェント型家庭菜園作り

197 第9章 ハンドオフとテイクバック

199	つまりAIなど不要？
201	注意力が持続するのは30分
202	専門的な知識・技能の劣化
202	第三者へのハンドオフ
203	ユーザーへのハンドオフ
208	テイクバック
209	この章のまとめ――ハンドオフとテイクバックはエージェント型システムのアキレス腱

211 第10章 エージェントの評価

212	エージェントにUIは不要？
212	評価方法
214	従来型の部分には従来型のユーザビリティテストを
215	エージェント部分のヒューリスティックスによる評価
219	この章のまとめ ―― ヒューリスティックスを使った評価

パートIII　展望

223 第11章 プラクティスの進化

224	コンセプトそのものの売り込みが先決
225	その上でエージェント型技術に磨きをかける
227	理想は「徐々に姿を消していくサービス」

| 229 | この章のまとめ ── 最終目標は汎用AI |

第12章 ユートピア、ディストピア、ネコ動画

231	
232	世の中を大きく変えた電球
234	だがインターネットは？
235	ジキル博士とエージェント氏
238	倫理++
242	超人的な違反
243	サービスを99％提供するエージェント
245	ロボットのコンポーネントの寿命
246	エージェントは何個だと「多すぎる」と感じる？
248	エージェントに任せると担当者の腕が鈍る？
255	エージェントは人間の自己認識にどう影響するか？
257	つまりは汎用AIが求められているということなのか？
261	この章のまとめ ── 問題山積の問題

第13章 今後の使命（賛同してもらえれば、だが）

263	

272	Appendix A　エージェント型技術のタッチポイント
274	Appendix B　エージェント型技術の事例一覧

282	索引
286	謝辞
287	著者紹介

日本語版に寄せて

　まず、日本を訪れた際の思い出の中から、とくに印象に残っているものを3つ挙げる。

　2001年、筆者はイタリア北部イヴレーアの「インタラクションデザイン・インスティテュート・イヴレーア」に第一期生として入学した。2001年、我々新入生のフィールドワークの主目的地が、うれしいことに東京だった。リョカンに泊まり、毎朝、自販機で買ったサンガリアのロイヤルミルクティーを飲んでホッコリ温まったところで、テクノロジー／デザイン系の進歩的な企業の数々を訪問した。そんなスケジュールの中、秋葉原でもたいそう楽しい1日を過ごすことができた。電気街の小路を行ったり来たりして、気の利いたツールや装置、電子部品などを扱う無数の小さな店を見て回ったのだ。ある店でアクチュエータの一覧表を指さし、これは何のためのものですかと、たどたどしい日本語で一所懸命尋ねてみたら、すぐさま店主が私の日本語より上手な英語で返してきた。「Robots！」

　2度目の訪日は2008年。滞在先はやはり東京で、目的はオートデスクが世界規模で実施したユーザーリサーチだった。初回に比べて短くビジネス色の濃い訪問ではあったが、ある午後、時間を作って同僚と東京の街を散策し、空ノ庭の豆腐料理を堪能した。スタジオジブリの宮崎駿がデザインした汐留日テレの巨大なからくり時計を見つけたのも、この時だ。からくりが作動すると鍛冶屋ロボットが動き出し、実に見事だった。

　2016年にはUXをテーマとするカンファレンス「UX DAYS TOKYO」のオーガナイザー、菊池 聡氏の招待を受け、SF作品に登場する弱いAI（特化型AI）についての講演を行った。同氏はscifiinterfaces.comで筆者の存在と著書（ネイサン・シェドロフとの共著『SF映画で学ぶインタフェースデザイン』）を知ってくれたそうだ。この時のとっておきの思い出のひとつが、新宿歌舞伎町の「ロボットレストラン」で見たすばらしくマニアックなパフォーマンスだ。

　以上、わずか3つではあるが、筆者の訪日体験がロボットとは切っても切れないものであることを物語る思い出を紹介した。いずれも筆者の目には、日本人が世界でもとりわけロボットやロボット工学を愛する人々であることの証として

映ったのだ。このロボット愛の源が何なのかを推測するのは、日本文化の専門家でない筆者には無理だが、これだけは確信をもって言える——だからこそ日本は「エージェント」のコンセプトを実現できる世界でも有数の地なのだ、と。

ロボットが人間のご主人様のあとを付いて回って、命じられた用事をこなす——そんな形でロボットにやってもらいたい用事なんてめったにないだろうし、ルンバだの食洗機だのをゾロゾロ引き連れて地下鉄に乗るのも願い下げだ :)

とはいえ、我々の目の届かない所で働いてもらう時には、「こちらの希望どおりに仕事をこなしてくれるもの」と信頼したいのがユーザーの当然の心情だ。こちらが指定したものに反応し、それ以外は回避して、しかるべき振る舞いをしてくれる、こちらの望むとおりにやってくれる、と。また、ユーザーひとりひとりのニーズに合わせてカスタマイズする機能も欲しい。筆者のASIMOがあなたのASIMOとまったく同じ振る舞いをするようなことがあっては困る。筆者とあなたは同一人物ではないのだから。これは物理的なロボットに関しても、バーチャルなエージェントに関しても言えることだ。こうした「ロボットをこよなく愛してはいるものの、ロボットを置き去りにして出かける時だってある」という我々人間の行動を振り返るにつけ、優れたデザインのエージェント型技術の必要性が浮き彫りになってくる。

こんな経緯で今、筆者は本書の日本語版を胸躍らせて待ち受けている、というわけだ。日本の読者の感想や意見を聞き、本書で紹介したコンセプトやアイデアを活かした驚くべき成果をこの目で見る日が待ち遠しい。できればまたすぐに日本を訪れて、（よりエージェント性の強い）ロボットにまつわる体験を重ねられたらどんなにすばらしいか、とも思う。

本書を楽しんで読んでいただければ幸いだ。

2017年8月
クリストファー・ノーセル

日本語版まえがき

操作のインタラクションデザインから
タッチポイントのインタラクションデザインへ

「じゃあそれでいいよ」の時代

私の研究室ではSlackというコミュニケーションサービスを利用しているのだが、このチャットツールのメンバーには私と学生以外に「bot」がいる。botは私たちが話しているキーワードに反応したり、あるいは命令を出すことで、適切な情報を提供してくれたりする。例えば学生たちの発表の順番や、ちょっとしたタスクの割り振りを決めるためにこのbotを使うのだ。こうした意思決定は些細なことのようにも思えるが、時に「誰がやるのか」で揉め、担当を決めるためだけに時間が割かれてしまうことがあった。ところがbotを使い始めてからは、担当や順番が一瞬にして決まるようになった。そして、この仕組みはとてもうまく働いている。

なぜこの仕組みが効果的に働くのだろう。それは、botが研究室のメンバーではなくメタな存在であり、それを使うことの合意形成が組織で得られているからだ。botの言うことは絶対、と組織内で認識が一致している。また、botの決定であれば、組織内で「誰から誰に指名する」という上下関係が生まれない点も、この仕組みがうまくいく理由の1つだろう。

この方法において私たち人間は、機械が決めたことに対して「じゃあそれでいいよ」という受け入れと判断をしていることになる。つまり、私たちが決定すべき事柄のポイントが変わっているのだ。この状況で人間が決めるのは、1)タスクの担当を決める方法としてこのbotを使うかどうか。2)bot判断の結果を受け入れるかどうか。この2つだ。誰をどう選ぶかの直接的な判断は、人間が関与していないことになる。

今はまだ、機械だけに判断を任せられることは限られているにしても、こういった「それでいいよ」と人間側が判断する機会は徐々に増えている。身近なところでは、日本語入力の予測変換で覚えがあるだろう。例えば、「よろしくお願いします」と書こうとしたところ、頭の「よ」の入力候補で「よろしくお願い致します。」が出てきたから、じゃあそれでいいよと判断をする、といったことだ。時に

「それではだめ」という判断になる場合もあるが、その場合はやり直しをして他の判断結果を得ればよい。機械の判断を却下したところで、その作業コストは低く、また新たな決定結果に対して可否の判断をすればいいだけだ。

　コンピュータ側が賢くなるにつれ、あるいはネット上に膨大なリソースが蓄積されるに従い、我々人間は自らすべてを創りだすのではなく、やりたいことを示し、その結果提示されるものに対して判断をするといったことが増えるだろう。少ない入力をするだけで、コンピュータはコンテキストを読み、さまざまな判断を自動で行って提案し、ユーザーに意思決定を仰ぐようになるのだ。

　こうした考え方は、いわゆるGUIのようなUIデザインとは違う知識が求められ、対象は明らかに画面のレイアウト、ナビゲーションとは異なる。それでいてユーザーとの対話が求められるのである。大きく言えば「インタラクションデザイン」だが、botとのやりとり、タイミングは、より詳細な設計が必要だ。

　このような点で、本書で扱う「エージェント型」の考察は役に立ってくるだろう。本書で出てくる「タッチポイント」という表現は、IoTやAIの時代においては「ユーザーインタフェース」に代わる言葉かもしれない。このタッチポイントでは、タイミング、判断の重さを考慮しながら適切なコンテンツを提示することが求められる。

インタラクションデザインとエージェント

　私の専門であるインタラクションデザインやインタフェースデザインの分野は、コンピュータの性能が向上すると共に発展してきた。コンピュータが人間の入力に対して俊敏になったり、表現力が拡大したためである。そしてこの発展に伴い、入力方法も多様化してきた。初期はキーボードだけだったが、現在はマウス、マルチタッチ、ジェスチャー入力、音声入力なども身近な方法だろう。

　このような対話性は、人間と従来の道具や機械との間にはなく、コンピュータならではの特徴である。90年代から、こうした特徴は「インタラクティブ性」と呼ばれ、その可能性について研究者、クリエーターは探求を続けてきたし、また消費者は探求の結果生み出されるものたちに魅了されてきた。私自身こうした分野に身を置いていると、人に操作させ、反応を得るということについて深く考えるようになる。そして、その結果の体験について考えるようにもなる。これらを考え、設計することはとても楽しいし、また設計したものを使うことも楽しい。

Foreword for Japanese edition

さて、コンピュータはこうした対話性の特徴がある一方で、また別の特徴もある。それは自動性、繰り返し処理、自律性である。むしろ対話性という特徴は、コンピュータの中でも「最近の」コンピュータの特徴で、自動性や自律性の上に対話性が成り立っている。実はこうした自動性や自律性の性質は今、私たちとコンピュータとの対話にも、変化をもたらそうとしている。

　コンピュータ以前の「機械」は物理的な労働力の解決には力を発揮したが、知的な営みについてできることは限定されていた。また原則的に、解決できる問題は機械ごとに分かれてきた。しかし、コンピュータは自律性、自動性、繰り返し処理を、人々の知的な処理に適用できる点が特徴である。近年ではIoTといった、パソコンやスマートフォン以外のさまざまな電気機器にもインターネットが接続され、センサー情報を取得してネット上で管理したり、ネット経由でモーターを動かしたりすることが一般化しようとしている。そのため、人間の入力操作なしでもコンピュータが自律的に情報を取得し、環境に反映させることができるようになりつつある。そしてこの方向性は今後強化されていく流れだ。

　インタラクションの設計を対象にしていると、ついこれら自律性や自動性、繰り返し処理の強さを忘れ、対話性を重視してしまいがちである。だが実はその結果、ある問題が起きている。それは人間の対話性を取り入れることがコンピュータにとっては欠点になる、ということである。UIの領域では人間中心設計が話題であるが、ここではひとまずコンピュータを中心に考えてみるとしよう。

　人間の計算処理能力や判断能力は、一部において高い側面もある。そしてコンピュータにUIを設計することは、問題解決の方法として、人間の良い側面（計算処理能力や判断能力の高さ）を引き出し、それをコンピュータのリソースとして使うことである。しかし人間にも判断の限界はあるし、疲れることだってある。すると、コンピュータと人のインタラクションループのサイクルは、人間の担当部分で遅くなってしまうのだ。

　つまり、人間側から見れば、反応のすばやいコンピュータを使うことで作業効率がアップしたように感じられるが、人間の作業を含めたインタラクションループ全体で見てみると、「パフォーマンスの低下」ということになってしまう。コンピュータのすばやい処理系にとって、人間という勝手で気まぐれな存在のリソースは邪魔物なのだ。では、人間はいらないのだろうか……。

　いや、そうではない。コンピュータの処理のサイクルループと人間の活動ルー

18　　　　　　　　　　　　　　　　　　　　　　　　　　　　　　　　　　日本語版まえがき

プを分けて考えるべきなのだ。コンピュータは繰り返し処理をしても疲れない
し、永遠に処理を続けることができる。だから、常にたくさんのリソースを処理
し続けることに集中すべきだ。一方で人間は、そのコンピュータの処理のサイク
ルループを監督すべき立場に回る。

　これを実現するために、監督的立場のためのUIをコンピュータに提供するこ
とが必要となる。分かりやすく、サッカーのゲームで例えてみよう。今までイン
タラクションデザイナーやUIデザイナーは、ゲームの中でサッカー選手をいか
に操作しやすくするか、楽しく体験的にするか、ということを考えてきた。しかし
今は、プレイヤーが自動で動き、試合に勝つための最善の動きをしてくれるよう
になってきている。ただしプレイヤーは必ずしも全体の状況や目的を把握でき
ないことがある。そこで、プレイヤーではなく監督的な立場としてのUI設計を考
えることが重要になるだろう。

　ゲームの場合は、試合に勝つこと以外に操作すること自体が楽しみになるか
もしれないが、仕事や生活において大事なのは勝つことだけ、すなわちタスクを
きちんと終わらせることだけだ。監督は自動で動くプレイヤーたちの状況を把
握し、勝つ方法を考える。エージェントに指示を出し、任せ、監督する。そして
最適な結果を得るのだ。

　実質的な作業はエージェントが行い、戦略はユーザーがタッチポイントで
行なう。そんな使い方が徐々に増えるだろう。しかし時に例外があれば、ユー
ザーが対応することになる。本書ではこの切り替えを「ハンドオフ」と「テイク
バック」と表現しているが、自動で進む処理や状態とユーザーがどう関わりを持
つのか、補正するのか、指示をし直すのか、その度合いが設計課題になる。本
書はそうした初期のエージェントのインタラクション設計を考察あるいは議論す
るのに適したものとなっている。

2017年9月
明治大学 総合数理学部
先端メディアサイエンス学科 准教授
渡邊恵太

まえがき

　クリストファー・ノーセルが驚くべき本を書いた。「エージェント型技術」という視点から捉えた新しい世界に自然と読者を引き込んでしまう、人間味あふれる本だ。いやそれどころか、正直、読者の裏をかく本とさえ言ってもいい。エージェント型技術の実現までの進歩が、人が技術に主導権を託すに至るまでの進歩が、人類の進化の明白な一歩であると主張し、それをいとも安々と論証しているのだから。これは深く有益な視点の転換だ。

　ノーセルはAI（人工知能）の物語を、人間のイマジネーション（とくに、私から見れば恐ろしげなSFの世界）の視点から、かつまた人間の（現実的な、特定の、有益な）ニーズや願望に応える技術的能力の視点から紡いでいく。たとえば昨今、AIの知能が人間のそれを上回り、ゆくゆくは人間を支配するという終末論的な説を耳にするが、そうした議論を巧みな筆の運びで浮き彫りにしている。さらに特筆に値するのが、「エージェント型技術」のアプローチは非常に語りやすい、という点だ（そのため、大変面白く読める）。読者は機械が学習するメカニズムを知るだけでは終わらず、そうした機械の学習が、その機械に依存する人間にどんな影響を与えるかについても理解を深めることができる。また、機械に対する人間の依存関係が今後どうなっていくかも知ることができる。こうした内容に接して、読者は驚きの念を覚えるかもしれない。AIが「邪悪な支配者」などではなく「共感力に欠けた機械」というごくありふれたイメージで描かれ、解説されているのだ。

　もう一度言う。人間味だ。この本にあふれる人間味に、私は心打たれた。

　これは願望とアイデアと技術が生んだ、発明と進化に関する本だ。筆者ノーセルが本書で打ち立てた中でも最大の功績は、（温度調節技術など）さまざまな技術や道具とその生みの親の歴史を紹介することによって、AIアシスタントの存在の自明性を、「新たな技術的能力」とは対極を成す「人間の精緻なニーズへの対応力」として示したことだと思う。これでエージェントのデザインにどうアプローチすべきかがガラリと変わった。筆者は人間中心デザインに即したアプローチを、と訴えていると思うのだが、いかがだろうか。

そうした訴えが、本書のどのページからも響いてくる。人間中心デザインの新たなプラクティスの必要性を訴えているのだ。筆者自身、「枠組み」を押し付けたりなどせずに（ありがたいことだ）、自分なりの新たなプラクティスを提案している。エージェントが（ハードウェアもソフトウェアも含めた）道具といかに異なるかに関する議論を深め、エージェント型技術が人間に与える影響について語ることによって、工業デザイン、UXデザイン、サービスデザインの分野で、エージェント型技術の問題の理解と解決に不可欠な要件を正しく満たせていないことを立証している。

　もちろんこれはデザインをめぐる新たな対話の始まりにすぎない。それにしても、なんとも素晴らしい始まりではないか。

2017年3月22日
IBMデザイン
ゼネラル・マネジャー
フィル・ギルバート

はじめに

　これ、読んでみようかな、と本書を手に取ってくれたあなたに感謝する。だが真面目な話、果たしてあなたにそんな時間があるのだろうか。

　かく言う筆者も、わが机上の「積ん読」をにらみつつ、かつかつの貴重な自由時間に思いを馳せては絶望感に浸っている。ちょっと調べただけでも、筆者の母国語である英語で書かれた本が毎日世界中で約1,500冊出版されていることがわかったのだ。1日に1,500冊といったら57.6秒に1冊の割合ではないか。1万冊のうち、わずか1冊を読み切るだけでも大したことなのに、これでは「積ん読」に毎週1冊新しいのが加わるということになる。どんなに頑張っても追いつけるはずがない。

　いや、読書だけではない。他にもさまざまなことを、もっとやれ、もっとやれ、と誰もが迫られている —— 手持ちの時間が変わらないにも関わらず。「今を楽しめ」という深層意識からの実存主義的呼びかけがこの風潮の背景にあるのか否か、まあ世の中こんなものなのだろう。歯磨きの時にはもっとフロスを使いましょう。恋人や大切な人、子供たちとの絆をもっと深めましょう。食事にはもっと時間をかけましょう —— 食卓には、家庭菜園で採ったばかりの野菜を使った手料理を並べて。婚約者の目はもっと見つめてあげないと。瞑想の時間が少なすぎます。もっと外に出て運動しなさい。もっとよく眠らなくちゃ。

　米労働統計局が毎年発表している米国民の生活時間調査の結果などを見る限り、われわれの日課には余分なものの入り込む隙など到底なさそうだ。こうした類の統計に登場する、かの神話的な「平均的米国民」が、1日のうちで「リラックスしたり思索にふけったりするため」に費やしているのは16分 —— なんとたったの16分！ —— だという【注1】。たとえ「テレビや映画を見る」などオプションの活動に使う時間を読書に回そうとしたところで、「睡眠」や「家事」といった必須の活動が侵食してくるに決まっている。

1　これは2008年の調査結果に基づいた数字だ。この調査に関する『ニューヨークタイムズ』の記事があまりにも面白かったので、つい引用してしまった。もっと広範な、世界規模の統計資料を紹介できず、申し訳ない。身びいきのつもりはないのだが。

「もっともっと」という「外圧」は減りそうにないし、大事な自由時間枠を極力拡げたいというわれわれの願望も鎮まるところを知らないのではないかと思う。

そこで登場するのがエージェント型技術だ！

ここ何十年か、われわれ人間は技術の力を借りて「時短」を実現させてきた。たとえばその昔、カーペット掃除だけでも大層手間がかかったものだ。まずは上に置いてある家具をヨッコラショとどけてから、ようやくカーペットを運び出し、竿なり手摺りなりに掛けてパンパンと埃をはたいていたのだ。それが今では掃除機をかけるだけ。わずか数分で済んでしまう。それがさらに近年の技術革新で「ほぼゼロ分」にまで縮まった——これが本書の論点のひとつだ。まずロボット掃除機「ルンバ」の働きぶりを思い浮かべておいてから、カーペットをパンパンはたくのに要していた時間を考えてみてほしい。ここで扱っているのは、人間がある作業をするのを「助ける」だけでなく、人間に代わってその作業（の一部）をこなしてしまう技術なのだ。おまけに、本書を読めばわかるが、こうした「時短」だけがエージェント型技術の利点ではない。

胸躍る素晴らしい展開だ。だが筆者の知る限り、エージェント型技術は場当たり的なやり方でそれぞれ別個に開発されている——さまざまな企業のプロダクトストラテジストやプロダクトオーナーやデザイナーや開発者が縦割り組織で作業を進めているのが現状なのだ。そんな中で、エージェント型技術とは何なのかを明確化すれば、よりよい開発環境が生まれるのではなかろうか。エージェント型技術ならではの特質や利点は何か、どんなパターンや問題が生じるのかを、もっと広い視野で考えたら。以上のようなことを、本書では提案し論じている。

改めて、本書のために時間を割いてくださったことに感謝申し上げる。本書に対するあなたの投資と、本書で紹介した新たな視点から生まれてくる技術とが、より明るい未来を作ってくれると期待している。

パートⅠ
新たな視点

Part I
Seeing

パートⅠではちょっと難しいことに思い切って挑戦してみた。「科学技術」とか「テクノロジー」とかいった言葉に対する世の中の見方を変える。それが筆者の狙いだ。テクノロジーを「最新の機器を次々と生み出すもの」と捉えるのは止めてほしい。「人間が抱えるさまざまな課題や問題を解決する方法の進化の流れ」と見てほしいのだ。流れの1本1本が合わさって新たなカテゴリーを作り上げていく、そんな進化の流れだ。

こうした視点を得るための一助として、第1章ではさまざまな例を挙げながら、サーモスタットの過去から現在までの進化の過程をたどっていく。そして第2章では、そのような進化が何もサーモスタットに限られた話ではないことを示す。この新たな視点を持てば、ほぼすべての製品やサービスでそうした進化が起こりつつあることが見えてくるはずだ。そして第3章では現代から未来へと思いを馳せ、この視点が世界をどのように変えていくかを考える。こうした考え方はけっして新しいものではなく、似たような考えを持つ人は過去にもいたので、それを最後の第4章で紹介する。

以上のようにパートⅠで紹介する新たなアプローチを応用して、より賢い製品をデザインするための手法やコツを紹介するのが次のパートⅡなのだが、それはさておき、まずは恐竜たちの話から始めよう。

第1章
サーモスタットの進化

Chapter 1
The Thermostat That Evolved

温度調節のための道具 ———————————— 29

ドレベルの「サーモスタット」 ———————— 29

ネスト・ラーニング・サーモスタット ————— 34

この章のまとめ —— ツールからエージェントへ ——— 36

ずは進化にまつわる物語をひとつ。2億7,500万年ほど前のこと、ちっぽけなトカゲみたいな生き物が卵からかえったが、これが仲間とは毛色の違うやつだった。冬の寒さの中でも活動停止状態の仲間を尻目に平然と動き回れるが、そのかわり冬でも腹が減る。体温があまり変わらないので暑すぎても寒すぎてもすごしにくい。そこで対応策を編み出さざるを得なくなった——夏は涼しく、冬は温かくする術を見つけなければならなくなったのだ。

　さて、ここで「早回し」ボタンを押そう。この物語の主人公は「規格外」であるにも関わらずスクスク育ち、やがて子を生む。その子らがさらに子を生み、初めはずんぐりむっくりのトカゲみたいだった一族が、2億年を経てカモノハシだかカンガルーだかハツカネズミだかの祖先と言ったほうがいいような姿形になった。それをかたわらでうさんくさげにじろじろ眺めながら、大昔の不気味な虫をむしゃむしゃやっている変温動物たち。そこへいきなり小惑星が降ってきて大地に激突、これが気候変動を引き起こす。地球全体が寒冷化し、恐竜たちにはこれが耐えられない。だけど体温を維持できるあの変わり種の子孫は大丈夫。ライバルの恐竜が地球上から姿を消し、大混乱の土埃が収まって、さてぐるりとあたりを見わたせば、変わり種の一族がまた一段と増殖していて、その後もせっせと進化し、さまざまな種になっていく。樹上で過ごすものあり、草原で草をはむものあり、水中で暮らすものあり。そのうちに霊長類が、さらにはホモ・サピエンスが登場する。「みなさん、どうぞよろしく！」そんなこんなで今、あなたもこの世のどこかに存在し、この本を読んでくれているというわけだ。以上、すべての発端は、あのちっぽけなトカゲみたいな生き物の身の上に起きた突然変異だった。

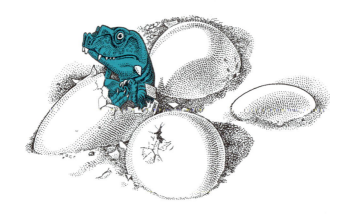

これが、「進化系統樹」の中で所定の位置を占める哺乳類に関する、かなり単純化した紹介だ（古生物学専攻の学生さん、まかり間違ってもこんな解説文をベースに卒業論文を書いたりしてはいけません！）。この哺乳類の末席を汚すのが、ほかならぬ人間。つまり、我々自身が周囲の温度に左右されずに体温を一定に保てる恒温動物ならではの長所短所を受け継いでいて、暑すぎず寒すぎず快適な環境で過ごすための工夫が欠かせない、ということだ。もちろん仲間と身を寄せ合ったり木陰で涼んだり、と行動面での工夫も必須だが、ここで論じたいのは「道具の進化」なのだから、恒温動物として温度調節に利用してきた道具類にどんなものがあったのか、振り返ってみることにしよう。

温度調節のための道具

軸のしっかりした広い葉っぱなら団扇になるし、毛皮や布を巻きつければ体温を失わずに済む。木に雷が落ちて枝が燃えていたら、それを運んでいって何か燃えやすいものに火をつけ、ほら穴などへ移せば暖房になる。

炉やかまどは火の生み出す暖気を「手動で」ある程度コントロールできる道具だし、カーテンやドア、窓といった建物の「パーツ」も、空気の流れを調節するシンプルな道具の役割を果たして、涼気や暖気を保持し、冷気や暑気を遮断してくれる。

どれも室温を物理的に調節する道具だが、人は日々の暮らしに欠かせない基本的な労働に加えて、こうした道具も使いこなさなければならなかった。「しんどすぎる」と思う時もあったろう。窓や扉を開けたり閉めたり、温度管理の作業はまだまだ未開のレベルだった。しかしそんな日々に終止符を打ってくれる人物が現れる。オランダの発明家、コルネリウス・ドレベルだ。

ドレベルの「サーモスタット」

ドレベルは1572年、オランダ北西部の都市アルクマールの地主のもとに生まれた（農場主の息子だったという説もある。なにしろ昔のことで詳細が不明なのだ）。

金髪のハンサムな少年だったそうだ【注1】。十代半ばで版画家ヘンドリック・ホルツィウスの弟子になり、師匠の影響で錬金術にも手を染める。また当時アルクマールを本拠に、キリスト教アナバプテストの1教派メノナイトの科学者や発明家が活躍していたことから、若きドレベルも発明に興味を示し、めきめき頭角を現して、20歳代後半にはポンプ、永久時計、煙突の設計で特許を取っている。やがてホルツィウス師匠の妹ソフィア・ヤンスドホテル・ホルツと

写真提供　WIKIMEDIA COMMONS

結婚（弟子といえども若者だ。1日24時間、銅版画ばかりやっているはずがない）、一旗揚げようとロンドンへ移り住む。その後ドレベルの発明に目をとめたジェームズ1世に招かれて宮廷お抱えの発明家となり、さらにヘンリー皇太子の宮廷ルネサンスにも貢献、のちにプラハのルドルフ2世にも招かれ、その宮廷でも発明の才を発揮するが、ルドルフ2世が他界してしまう。そのためイングランドへ舞い戻り、その後晩年を過ごしたのも、フィードバック制御の器具として記録に残る中では最古と言われる自動温度調節装置を発明したのも、このイングランドでのことだった。

　この自動温度調節装置は次のような感じで働いた（実際の装置はもっと複雑だが、わかりやすいように単純化してポイントのみ説明する）。孵化器の庫内の空気が暖まると水銀柱が少しずつ上昇し、水蒸気の出口を開ける。これにより庫内の温度が下がる。すると水銀が冷えて水銀柱が下降し、出口のフタを閉める。この結果、再び温度が上がり、水銀柱も上昇することになる。

1　http://www.encyclopedia.com/topic/Cornelis_Jacobszoon_Drebbel.aspx

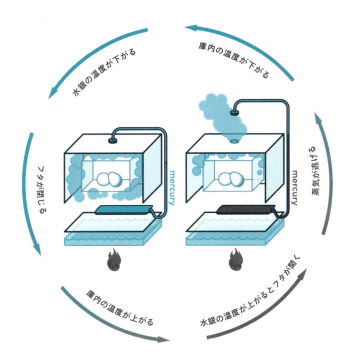

　この発明のおかげで人類は初めて、ある空間の温度を「手動で」調節するという労働から解放された。現代人が「フィードバックループ」と呼んでいるメカニズムが、温度調節の作業を万事引き受けてくれるようになったのだ。おかげでかなりの省力化が実現できた。ドレベルのこのシステムを使えば、他の温度管理の道具などいっさい不要、炉に火をおこすだけで、あとはすべてお任せ。温める必要がなくなったら火を消せばよい。

　その後、ドレベル以外にも自動温度調節装置を発表する発明家はいたが、どれもドレベルの発想を下敷きにした「二番煎じ」にすぎなかった。

時代は下って1885年、スイスに生まれてアメリカへ渡った発明家アルバート・バッツが「酸素流量調整蓋の開閉器」というそのものズバリの無粋な名称の温度調節装置で特許を取った。かいつまんで言うと、室温が設定温度より低くなると石炭炉の酸素流量調節蓋が引き上げられ、外気が送り込まれて炉内の火が燃え上がり室温が上がる。設定温度以上に温まると調節蓋がまた閉じる、という仕組みだ。これに注目し、特許権を買い受けたのが若きエンジニア、マーク・ハネウェル。20年後、マーク・ハネウェルはエレクトリック・ヒート・レギュレーター社の協力を得てサーモスタット「ジュエル」を発売。これには室温設定の際に客観的なデータを提供する温度計もついていた。

　ほぼ同時期の1880年代後半、ウォーレン・S・ジョンソンという大学教授が空気力学を応用して電気式室内サーモスタットを発明。これを引っ提げてジョンソンコントロールズ社を創業し、この会社がのちに成長、発展して現代の巨大企業ジョンソン・エンド・ジョンソンとなった。

　その後も電気にまつわるさまざまな発明が重ねられたおかげで、1950年代には不細工なアナログ部品に代わって、見栄えがよく省スペースな電気回路が活用されるようになった。米国のデザイナー、ヘンリー・ドレイファスが（すでに大企業となっていた）ハネウェル社のために丸型サーモスタットを設計したのはこの時期だ。温度調節のダイヤルと温度計が一体化した美しいデザインの製品だった。そして、モダニズムの流れを受けてこの時代に米国で生まれた、機能的でシンプルなデザインを目指す潮流「ミッドセンチュリー」を体現する存在となったばかりか、以後30年近くにわたって米国の大半の家庭で使われることになる代表的な製品となった【注2】。

だが1980年代になると、ドレイファスの丸型サーモスタットに取って代わって、より製造コストの安い成型プラスチックのケースに、電気配線ではなく電子回路を配した、価格面でも機械部分の耐久性でもまさるサーモスタットが登場する。その上、冬場は暖房モードに、夏場は冷房モードに切り替えるスイッチを備えたエアコン用オプションのある製品や、室温の上限と下限をひとつの制御装置で設定できる製品まで現れだした。ただ、これはどれも徐々に重ねられていった改良であって、サーモスタットがまた大きく一歩、飛躍的な進歩を遂げたのは、コンピュータ時代の幕開けからかなり経ってからのことだった。

　その「飛躍的な進歩」について説明する前にひと言コルネリウス・ドレベルに賛辞を捧げておきたい。上で紹介した自動温度調節装置にとどまらず、ウールやシルクを鮮やかな赤に染める画期的な方法や、世界初の航行可能な潜水艇、太陽エネルギーを動力源にしたハープシコード、スライド映写機の原型にあたる幻灯機もドレベルの発明なのだ。その他望遠鏡や顕微鏡の設計・製作等で光学の分野にも貢献したし、錬金術についての著作となると、執筆後100年もの間、出版されつづけて広く愛読された。ただしパトロンだったルドルフ2世やヘンリー皇太子の死後の晩年は不遇で、貧困のうちにこの世を去っている。同時代の発明家仲間だったケプラーやガリレオが歴史に名を残す偉人として崇拝されているのに対して、ドレベルは歴史家が思い出したように触れる程度の扱いしか受けていない。もっとも月の南半球には「ドレベル」と命名されたクレーターがある。何世紀にもわたって人々に恩恵をもたらしてきたドレベルの「遺産」に対する感謝の印にしてはささやかすぎるかもしれないが。

2　ヘンリー・ドレイファスと丸型サーモスタットの詳細は、『The Design Observer』に2011年に掲載されたアレクサンドラ・ラングの記事「Reinventing the Thermostat」(designobserver.com/feature/reinventing-the-thermostat/31838)を参照。それと、コーエン兄弟のコメディ映画『未来は今』もおすすめだ。舞台は1950年代末、主人公のノーヴィル・バーンズもドレイファスと同じく「円」にヒントを得て画期的な商品(ノーヴィルの口ぐせを借りれば「子供にウケる」商品を)考案する。

ネスト・ラーニング・サーモスタット

　では「サーモスタットがまた大きく一歩、飛躍的な進歩を遂げた」時点に話を進める。それはネスト・ラーニング・サーモスタットが誕生した瞬間だ。このサーモスタットが従来品とどう違うのか、さっそく見ていこう。

写真提供　ネスト・ラボ

旧来のサーモスタットでは、たとえフィードバック制御機構を備えたものであっても、ユーザーは個人的好みや1日のうちの時間帯、室内の湿度、季節に従って、いちいち室温の範囲を調整しなければならなかった。だがネスト・サーモスタットなら、装置自身がホームネットワークに接続して日付（季節）を知り、家の所在地から近隣地域の今の天気を知ることができるし、室内の湿度はセンサーで測定し、室温が設定値に到達するまでの所要時間も算出できる。たいていは最初にエアコンなどに接続してスイッチを入れるだけで済んでしまうほど、賢い機能がそろっているのだ。万一ユーザーが必要を感じて室温の設定を変えた場合でも、それをインプットとして認識し、しっかり学習する——「なるほど。この家の人たちは春にはもうちょっと涼しくするのが好みなんだな。了解。来年の春のために覚えておこう」といった具合に（記憶力も抜群だ）。

この他、パワーユーザーならではの活用法もある。家族が仕事や学校で定期的に家を空ける曜日や時間帯、休暇や出張で一定期間留守にする予定などを考慮して省エネ効果の高い設定にすることもできるのだ。また、一酸化炭素アラームや屋外に設置したカメラとの通信や連携も可能だし、スマートフォンやパソコンを併用すればエネルギーの消費状況を可視化でき、環境にも優しく家計も助かる設定にできる。

そんな優れもののネスト・サーモスタットだが、今でも機能改善が重ねられ、まだまだ製品としての進化を続けている。だが一旦ここで、この章のまとめとしてサーモスタットのコンセプトがどこまで進化したのかをざっと次のページで振り返ってみよう。

（ この 章 の ま と め ）

ツールからエージェントへ

　大きな木の葉や団扇は手で持ってあおぐことで暑さをしのぐ道具
だ。ドレベルのサーモスタットは、温度を設定して炉に火をつけるだ
けで「あとはお任せ」にできる。そしてネスト・サーモスタットは賢くて
気立ての良い執事のような存在で、言ってみれば「お抱え」の温度
調節役だ。この執事、雇い主一家の年間の予定や日課、時間帯、暦、
室温にまつわる一家の好みや現状などについて、持てる知識を総動
員して温度管理を助ける。大昔に突然変異を起こしたトカゲの先祖
から人類が受け継いだ課題 —— 「自分の周囲の温度調節」という課
題 —— を一家が楽にこなせるよう、手助けするのだ。万一「ベストな
推測」が外れたとしても、雇い主の求めに応じて調整し、さらにはそ
れを記憶し、学習までしてしまう。こんなレベルにまで、サーモスタッ
トは進化した。

　いや、サーモスタットだけではない。大半の装置やサービスがこう
した目覚ましい進化を遂げている。次の章で見ていくように「ツール」
が「エージェント」となりつつあるのだ。

第2章
エージェント型技術の到来

Chapter 2
Fait Accompli: Agentive Tech Is Here

物理的な労働の削減 —————————————— 38

情報処理作業の軽減 —————————————— 39

エージェントは物理的な作業と情報処理をまとめて行う —— 40

「エージェント型技術」の実践的定義 ——————— 45

エージェント型技術の範囲 ————————————— 51

この章のまとめ——エージェントとは
永続的に裏方に徹する助っ人だ ———————— 58

第1章では、温度調節のための技術がいくつかの段階を経て進化してきた様子を、その起源からたどった。我々の遠い祖先は暑さ寒さをしのぐために行動面で工夫を重ねたのをはじめ、団扇を使ったり、窓を開け閉めしたりと、道具を使って温度管理をしなければならなかった。のちに、鶏卵孵化器に組み込まれたサーモスタットが発明されると、そこから改良が進んでさまざまな自動温度調節装置が生まれ、現代のネスト・サーモスタットに至った。

実はこのような進化を遂げたのはサーモスタットだけではない。こうした視点でこの進化の流れをたどる作業は重要な意味を持つ。人間の温度管理という問題を解決するためのこの技術は、徐々に高度になっていったが、その進化の過程をたどることで2つの点が明らかになる。ひとつは、道具の進化とは人間の基本的な要求をその都度解決していくことだという点、そしてもうひとつは、こうした問題の自然な解決法が「エージェント」だという点だ。デザイナーがコンピュータで解決可能な数多くの問題に取り組み、ユーザーの労力を減らして最高の結果を得ようとする際に、エージェントが役立つのだ。

この章では、何がエージェントで何がエージェントではないかを定義しよう。そのための例としてまずサーモスタットを取り上げるが、同様の視点で他の技術についても検討する。また、(SF映画に描かれるような知的なエージェントの登場はまだ非現実的ではあるものの)エージェント自体はすでに身の回りに登場し始めているということを主張したい。「広く普及している」とまでは言えないが、今後の状況は容易に想像がつく。

一旦、温度管理の話に戻るが、ここではそうした道具がユーザーの代わりにどのような仕事をしているかに注目してみよう。

物理的な労働の削減

道具の役割として誰もが最初に思いつくことは、作業に絡む物理的な労働(肉体労働)の軽減だ。

昔の道具、たとえば団扇は、腕力を効率よく利用できる形にした単純なものだ。同じ扇状のものでも、プロペラになると手であおぐよりもはるかに効率よく風を起こせ、飛行機でも動かせる。こうした道具は、人間の体の部位に比べ、

材質と形状の点でその役目に適していることで、作業効率向上の助けとなった。たしかに団扇は風を起こすのに手の平よりずっと効率がよい。大半のテクノロジーは、こうした手動式の道具に端を発している。

　次第に人力以外のエネルギーを活用した道具が現れて、物理的労力を肩代わりしてくれるようになる。たとえば製粉に使われた風車や水車は、風力や水力を利用している。軛はこれにつないだ家畜の力を使って、車の牽引などを可能にするものだ。第1章で紹介したアルバート・バッツの発明品「酸素流量調整蓋の開閉器」は電気を利用しているが、このおかげでわざわざ起きて部屋の向こうの端まで行き、石炭炉の扉を開けなくてもよくなった。こうした装置によって、人間の立場は労働者から仕事の管理者へと変わる。機械が順調に働いていることに気を配るだけでよくなったのだ。

情報処理作業の軽減

　技術の進歩によって、物理的な労働だけでなく、仕事にまつわる情報処理も楽になった。たとえば温度計はユーザーが温度管理をしようとする際に次のような疑問に答えるデータを示してくれるツールだ。

> ここの室温は何度だろう？　寒いと感じているのは自分だけか？　サーモスタットは何度に設定されているだろう？　今、温風は出ているのか？　きちんと運転しているのか？

　こうした計器は、作業するユーザーに客観的なデータを示し、決断を下しやすくしてくれる「判断ツール」と言える。

　より高度な技術になると、作業のルールを把握できるようになり、原則が破られたり、閾値を超えたりした場合にはユーザーに知らせてくれる。こうした「修正ツール」では進捗状況を把握するとか、軌道を逸脱した場合には正すとかいったことが可能になっている。たとえばユーザーが温度を限界よりも高く設定してしまった場合、直ちにフィードバックを与え、取るべき追加措置を提案してくれる。その名のとおり「修正」してくれているわけだ。

エージェントは物理的な作業と情報処理をまとめて行う

「情報の認識」と「物理的な作業」のふたつを関連させて両方ともやってしまおうと考えた人物が現れたことで、新たな時代が始まった。エージェント型ツールの誕生だ。

一番手がドレベルの鶏卵孵化器だ。組み込まれたサーモスタットが温度に関する情報を把握し、フタを開閉する。当時としては画期的だったが、温度の調整装置としてはいささか足りないところがあった。というのも、管理するのは温度というひとつの「変数」のみで、温度が閾値を上回った場合にしか作動しない。だから設定値まで炉の温度が上昇せず、卵が冷えきってしまった場合はお手上げだし、燃料が残りわずかとなった場合も、「そんなことは私には関係ありません」という具合なのだ。だが、これをエージェントとみなすことはできる。「辛うじて」ではあるが。

これに対し、ネスト・サーモスタットははるかに複雑だ。一度に複数の変数を追跡し管理する。それだけではない。特定の家庭の特定の日時に、快適な環境を作り出せる動作のパターンをその都度改良し、自ら学んでいくことができる。家に人がいる時間帯も自動で学習して把握する。非常に高性能な温度管理装置で、今日エージェントとしてイメージできるものの何よりのお手本と言えるだろう。

重要なのは、人間のニーズをめぐる技術的解決の歴史をたどると、似たような傾向が見られるという点だ。ツールは決まって「手動」から始まる。そこから物理的な労働を軽減するために進化したものもあれば、情報処理作業を軽減するために進化したものもある。前者は電動化したし、後者は検討し決断を下すための判断ツールとなったり、既知のルールを逸脱しないための支援ツールとなったりした。近年では、情報面でも物理的労働の面でもユーザーの肩代わりをするエージェント型システムがいくつも存在する。こうした傾向は、歴史を振り返るとさまざまな分野で繰り返されている。詳しく説明するため、以下に3つの例を挙げてみたい。

文書作成

　ラスコー洞窟にある旧石器時代の壁画を見ると、古代人も何かを書き記しておく必要があったのだということがよくわかる。芸術や文化の起源はこの時代に認められるわけだが、ここから大きく分けてふたつの方面で進化が続いていく。ひとつは絵筆などを使った絵画的な表現、もうひとつが文字による表現だ。ここでは後者を取りあげよう。この時代の人間が筆記に使った道具としては、焼いて焦がした木の枝、黒鉛、棒や茎の先に顔料をつけた「ペン」などがある。ものを書くという行為に物理的な力はあまりいらない。だが、タイプライターは（手動式、電動式を問わず）腕の疲労も少なく、手書きに比べてはるかに正確な書体で、所定時間内により多くの文字を出力できる強力なツールだ。

　さらには、バックグラウンドで動作するスペルチェッカーや文法チェッカーがコンピュータに搭載されることによって、判断ツールと支援ツールが備わり、多数の文法上のルールにしたがって誤りの少ない文章が書けるようになった。こうしたソフトウェアは、はじめはSector SoftwareのSpellboundのように決まりに則っているかを単にチェックするだけのものだったが、マイクロソフト・ワードの文法チェッカーやiPhoneの自動修正機能といった高性能なものになると、スペルミスを指摘するだけでなく、修正の必要に強く確信が持てる時は即座に正してもくれる。GoogleはメールアプリGmailに自動返信機能「スマートリプライ」を導入すると発表した。着信メールを解析して、短い文言の返信候補を3つ表示してくれるというものだ。ユーザーはその中からどれかを選択して返信するだけでよく、文字入力の手間が省ける。

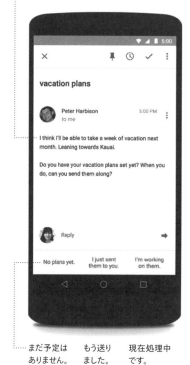
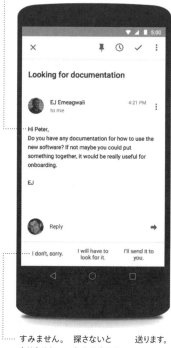

　x.ai（エックスドットエーアイ）のスケジュール調整サービスはかなりレベルの高いエージェントと言えるかもしれない。Amy Ingram（エイミー・イングラム）という名のAIが個人秘書のようにスケジュール管理の一切を代行してくれるのだ。たとえば、打ち合わせを打診するメールを送信するとしよう。サービスの利用者は、CC欄にAmy（amy@x.ai）を加え「会える時間を探してほしい」と書き添えるだけで、後はAmyが先方とメールでやりとりする（ちなみに、Amyというのは一例で、男性バージョンがよければAlex等に設定できる）。利用者のカレンダーから可能な時間帯を探したり、「この時間はダメなので、こちらはどうか」といった調整まで行う。最終的に予定が決まれば知らせてくれ、カレンダーに予定を書き込んでくれる。

音楽再生

　五線譜のおかげで動物の皮や紙などに音楽を記録できるようになった。そしてギターやピアノなどの楽器を使い、音を奏でていったわけだが、これは言ってみれば、点と線で書かれた楽譜を音にする、暗号解読のような作業だった。やがて蓄音機やレコードプレーヤーなどの便利な機器が発明されると、レコードを買い、自分でターンテーブルに載せるだけで、録音された楽曲が聞けるようになった。さらにCDプレーヤーになるとディスプレイにトラック番号などが表示され、アーティストや曲の名前も表示されるようになった（ユーザーが音楽を再生するために「ルール」は必要ないので、「修正ツール」の必要性は薄い。もっとも、イコライザーを使った調整にはルール化できるものもあるかもしれない）。ラジオ放送局では、選曲したり楽曲を流したりするのは長らくディスクジョッキーの役目だった。しかし近年人気を博しているPandoraやSpotifyは、エージェント的な要素を持つデジタル音楽配信サービスで、自分の好きな曲を1〜2曲システムに登録しさえすれば、あとは聴くだけだ。

  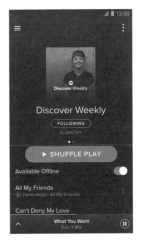

検索

　検索というと、その対象は情報というのが普通なので、物理的作業について

の議論には奇妙な例だと思うかもしれない。だが、本や雑誌を探すのに昔はどうしていたかを思い出せば、情報を見つけるのがどれほど大変な作業だったかに気づくはずだ。図書目録を使う場合は所定の順序で配列されたカードを1枚1枚繰って、図書館のどこかの棚に置かれている目的の本や雑誌を探す。マイクロフィッシュのおかげで、新聞や雑誌などの定期刊行物をくまなく探す労力が軽減された。自動化書庫によって、リクエストした本が自分の所まで自動的に運ばれてくるようになった。目次や索引のおかげで、必要な情報が載っているページに一気に移動できる。

しかしインターネット上に情報があふれるようになると、Yahoo!、Google、Bingなどの検索エンジンが検索をより簡単なものに変えた。検索語のスペルを間違ったり、検索数の少ない語を入力したりした場合には、修正ツールが助け舟を出してくれるようにさえなった。「もしかして：…」と候補を提示してくれる。「Googleアラート」は、低レベルのエージェントと言ってもよいだろう。ユーザーが興味のあるトピックのキーワードを設定しておけば、それに対する検索結果をメール配信してくれる。

ここまでに挙げたのは3つだけだが、次章以降でより多くの例を挙げていく。この3例は、途方もなく長いテクノロジーの歴史の中から厳選したものだ。こうした例を見れば、さまざまな技術が人間の労力削減に貢献してきた経緯を明確に理解する上で「エージェント」という視点がいかに役に立つか、また、最新の技術開発でさまざまな技術をいかに「エージェント」の形にまとめ上げようとしているかがわかるはずだ。

「エージェント型技術」の実践的定義

　以上でエージェント型技術の例を合計4つ紹介したが、ここでは何がエージェントかを例で示すのではなく、言葉で明確に定義してみよう。まずはシンプルに定義してみる。

　　　エージェントとは、「特化型AI」で「ユーザーの代行をする」ものである。

　この定義は「　」で囲んだふたつの要素に分解される。まず「特化型AI」について、続いて「ユーザーの代行をする」について検討する。

エージェントは「特化型AI」である

　多くの人はAIと聞くと、映画で見たものを思い浮かべるはずだ。『スター・ウォーズ』のBB-8は主人公レイの後を追って、泣いてせがんで惑星ジャクーの砂漠を駆けまわる。SF映画史を多少知っている人ならモノクロのロボットを想起するかもしれない。『地球の静止する日』のゴートや、『禁断の惑星』のロビー・ザ・ロボットがその代表格で、自分の職務に従い攻撃や防御をするものだ。
　人型ロボットだけがAIではないと思っている人もいるだろう。『her／世界でひとつの彼女』のサマンサは、なんと人格をもったOS1というオペレーティングシステム（OS）だ。映画の主人公の受信トレイ（inbox）の整理もするし、この男と恋愛もする。だが、結局は男との別れを決断する。一方、AIのダークな面になじみがあれば思いつくのは、赤く光るカメラアイを持つ『2001年宇宙の旅』の

HALや、黒いスクリーンに浮かぶ緑の文字が特徴的な『エイリアン』の MU/TH/UR6000かもしれない。どちらも秘密の任務遂行のため、宇宙船の乗員を攻撃し排除してしまう。

上に挙げたようなSF作品のAIは大きく3つのカテゴリーに分けられるが、その多くは「強い (strong) AI」あるいは「汎用AI (AGI: artificial general intelligence)」と呼ばれるものだ。

AIの3つのカテゴリーの第1は**超AI** (ASI: artificial super intelligence、超人工知能) という、強いAIのうちでも高度なものだ。人間の能力をはるかにしのぐ高度な知能を持つ。高度すぎて想像もできない。人間の知能と超AIを比べるのは、鳥の知能と人間の知能を比べるようなものだ。研究者の目論見どおりなら、下で説明するもうひとつの強いAIである汎用AIをプログラムし発展させる——つまり、汎用AIがさらに洗練された汎用AIを自ら設計し、そうして生まれた汎用AIがさらに洗練された汎用AIを設計し…というプロセスを経る——と、超AIはとどまることなく進化していき、「神のごとき知能」としか言いようのない知能を持つことになる。先に述べたサマンサがこの例だ。映画の終盤までには、人間の振る舞いをする完全なものに近づいていき、複数のユーザーや他のAIと同時に会話したり関係を持ったりする。一方で、人間には理解しがたいようなものに自己陶酔することもあり、進化の最終段階として、他のAIとともに人間のもとを去る決断をする。

第2のAIは**汎用AI** (AGI: artificial general intelligence) だ。人間のように汎用的、抽象的問題解決能力を持つためにこう呼ばれる。BB-8やHALがこれだ。人工的に作られていながら、人間とほとんど変わらない能力をそなえている。「チームの一員」という存在なのだ。仮に汎用AIが実現した場合、エージェント型技術とは完全に一線を画すものとなる。

第3のAIは「弱い (weak)」AIで、**特化型AI**あるいは**専用AI** (ANI: artificial narrow intelligence) と呼ばれる。これは、何かひとつの役割に特化した能力を持つ。たとえば、お気に入りになりそうな1曲を、何千万という膨大なデータベースから探すといったことは非常に得意だ。しかし特化型AIは「一般化」ができない。新たな分野の問題に既存の知識を応用することができないのだ。現在、世の中にあるのは特化型AIだが、お馴染みすぎて、「賢い機械だ」とは思っても、「AI」だとはあまり思わないだろう。

「強いAI、汎用のAIは実現可能か」「可能だとすればいつのことか」といった問題はコンピュータ科学者にまかせておこう。デザイナーにとっては当座の関心事ではない。仮に汎用AIがお馴染みのネスト・サーモスタットにやってきたと想定すると、タスクの管理やユーザーとのコミュニケーションのために、自分の持つリソースをどう使うのがベストなのかを自ら判断することになる。言い換えると、機器が勝手にインタフェースやユーザーの体験をデザインするのだ。デザイナーがこのようなシステムの仕様を考えることはないだろう（汎用AIの初期段階においてコンサルタント的な役割を果たすことはあるかもしれないが）。汎用AIが周囲にあふれるような時代が来るまでは、特化型AIの周辺で製品やサービスが増加していく。そしてデザイナーの役割は、こうした製品・サービスを人間にとって使いやすく有用なものにすることだ。

上の例で見たように、特化型AIはひとつで複数の課題に対処できる性質のものではない。しかもエージェントによって、実現される知能のレベルが異なる。ここでいう「知能のレベル」とは次のような特徴をベースにして決まる。

- **対象領域が、より細かく、より実生活に即したものになっているかどうか。**自動スイッチがついたトイレに長く居すぎたために、あかりが消えて暗闇にされてしまったことがある人は多いだろう。こうした経験があれば、まだ中に人がいることを察知できる装置のほうが利口だ、と思うはずだ。
- **より多くの、より複雑なデータの流れを上手に監視するかどうか。**ドレベルのサーモスタットが監視していた変数はひとつだけだったが、ネスト・サーモスタットは数十の変数を監視している。
- **賢い推測ができるかどうか。**既存のデータが持つ意味を賢く推測し、適切にフィードバックできるかどうか。たとえば、在宅患者の体重が1ヵ月にわたり一定のペースで増加した場合は、座ることの多い生活が原因かもしれない。これに対して、より短期の急激な体重増加は体にとって危険な細胞のむくみ——つまり重篤な病気の兆候かもしれない。
- **計画を立てられるかどうか。**つまり、目的達成のために複数の選択肢を検討し、そうした選択肢を天秤にかけ、最良のものを決定する能力だ。
- **順応できるかどうか。**フィードバックを活用して、目標に至るまでの進捗状況を追跡し、計画を適宜調整できる能力だ。

● 積み重ねた経験とリアルタイムで発生するデータをもとに予測モデルを改良する能力があるかどうか。高度なエージェントは「機械学習」と呼ばれる技術によって、人間が自然に行っている学習行動と同じように徐々に賢くなっていく。機械学習については後で触れるが、ここではひとまず自分自身の機能を発展させていくようプログラムされたソフトウェアであると理解しておいてほしい。

ここまで、エージェントの特化型AI（ひとつの領域に特化したAI）の側面について検討してきた。ところで、特化型AIはカテゴリーを指す語だが、エージェントは具体的な実体を持つ「もの」である。既に述べたように、エージェントの定義にはもうひとつの要素がある。次に、エージェントの定義の2つ目の特徴、「ユーザーの代行をする」について詳しく検討していこう。

エージェントは「ユーザーの代行をする」

「知能」という言葉が示唆するものも幅広いが、エージェントが「ユーザーの代行をする」ということの幅もこれまた広い。行動によって「エージェント型」と呼べるものと、そうは呼べないものがある。まず金槌について考えてみよう。これはエージェントと言えるだろうか。答えは「ノー」だ。哲学的に考えるのが好きな人ならこう言うかもしれない――「ユーザーが身ぶり手ぶりを盛んに使って、柄の部分に指示を出すのに従い、その望みどおりに金属の頭の部分が釘を打ちつけているんだ」と。だが、ユーザーが作業中ずっと金槌を握っているということは、金槌がツールであることにほかならない。ユーザーが集中しながら続ける動作の欠かせない一部となっているのだ。

もう少し哲学から遠ざかるとして、インターネット検索はエージェントの例だろうか。たしかに、ユーザーが調べたい語を入力すると、ソフトウェアがデータベースを利用して合致するものを取り出し、ぴったりの検索結果を表示してくれる。こうした直接的な因果関係から判断すると、インターネット検索は、（叩けばすぐ釘が打ちこめ、原因と結果の間に時間が介在しない）金槌に近い。やはりこれもツールと言える。

しかしすでに見たようにGoogleアラートは、ユーザーに他のことに注意を向

けさせておいて、ユーザーの知らないところで検索を済ませ、結果をメールで知らせてくれる。この場合、明らかにツールとは異なりユーザーの代行をしている存在だということになる。ユーザーが他のことに注意を向けられるように仕事を処理してくれるわけだ。この「見てもいないところでユーザーの代行をしてくれる」という点が、エージェントとは何か、エージェントがなぜ目新しく、また価値あるものなのかを考える際のベースとなる。エージェントはユーザーが「面倒」とか「大変」とか感じる何かの追跡を助けてくれる。そのうち起きるはずのこととか、インターネット上の特定のイベントとか、ネットワークに関するセキュリティ絡みの事象などだ。

こうしたことをするためにエージェントはデータの流れを監視する。このデータには日付や時刻といった単純なものもあれば、温度計から読み取る気温もあるし、インターネット上のコンテンツの変化といったおそろしく複雑なものもある。また、風速データのように連続したものや、電話の着信のように不定期なものもある。エージェントはデータの流れを観察しながら、タスク開始のきっかけとなる「トリガー」を探す。続いて、規則と例外を調べ、起動する場合はどう起動すべきかを決定する。そして多くのエージェントは特定の期限なしで動作する（有効期限を区切ったり、満たされるべき特定の条件を指定したりも可能ではある）。スパムフィルタのように、ユーザーと対話せずバックグラウンドで動作し続けるエージェントもあれば、ユーザーによる処理が必要になるまでは黙々と動作し続け、必要に応じてユーザーへ通知するものもある。ユーザーがエージェントとデータの流れを監視できるものが大半なので、ユーザーはエージェントの作動状態のチェックができ、指示の調整が必要かどうか確認できる。

以上がエージェントの基本的特徴だ。エージェント型技術は、データの流れを監視してトリガーを探す。その後は特化型AIを用いて対応し、ユーザーの目標達成を助ける。エージェントは「永続的かつ裏方的なアシスタント」だ。

こうしたものがエージェントの基本的特徴だが、この他に洗練されたエージェントだけが持ついくつかの機能がある。たとえばユーザーが要求を明確に伝えなくても推測して実行してくれるとか、機械学習の手法を応用して「予測モデル」を改良するとか、ユーザーに特定のスキルを習得させると静かに消えてしまう、といったものだ。こうした事柄の詳細はパートIIで触れるが、さしあたりここでは、エージェントの中にはここで見た基本的特徴だけでなく、はるかに賢い

Chapter 2 Fait Accompli: Agentive Tech Is Here

機能を持つものもあると理解しておいてほしい。

エージェントとツールの違い

　大半のエージェントは、良質なツールを基にデザインされ発展してきたので、良質なエージェントをこうしたツールと比較しておくことは意味のあることだろう。両者の間にはいくつか本質的な違いがある。

　この本質的な違いは、製品について検討したり、デザインを考えたりする際の手法にも当然影響を与えるというのが、本書の主要な主張のひとつである。この違いから、検討対象となる新しいユースケース（利用シーン）も出現するし、評価のための新しい基準も必要となる。そして、評価や基準について議論する専門家のコミュニティの存在も前提となる。

表2-1 メンタルモデルの比較

ツール型の技術	エージェント型の技術
優れたツールを使うと、ユーザーの仕事がはかどる	優れたエージェントは、ユーザーの好みに従いユーザーのために作業する
標準的な例として「金槌」があげられる	標準的な例として「執事」があげられる
明確なアフォーダンスと即時的なフィードバックを重視してデザインしなければならない	セットアップの容易さとタッチポイント（ユーザーとの接点）でのわかりやすい情報提供を重視してデザインしなければならない
ツールを使っている時はそれが体の一部と化し、ほとんど無意識の状態で作業している	エージェントの作動中の様子は見えない。タッチポイントでユーザーが関わらなければならない場合は、意識的注意と慎重さが不可欠である
デザイナーの目的は、作業中のユーザーに「フロー状態」（ミハイ・チクセントミハイが提唱した概念）を維持させることである場合が多い	デザイナーの目的は、タッチポイントを明確に、且つすぐアクションをとれるものにして、ユーザーが楽にエージェントを進行させられるようにすることである

エージェント型技術の範囲

　ある概念を明確にするためには、定義づけをし、例を挙げ、他の概念との境界線を決めなければならない。その概念に明らかに含まれているものや、明らかに外れているものをあえて検討する必要はないが、興味深いのは境界線上にあって明確に区別できないものだ。概念の境界線上にあるものを検討することで、エージェント型技術とはどのようなものであると筆者が考えているか、また筆者が検討に及んでいない領域はどのようなものかが明らかになるはずだ。

アシスタントとの違い

　ユーザーの作業を手助けする特化型AIは、「アシスタント」あるいは「支援技術」などと呼ぶのがふさわしい。支援技術については、エージェント型技術と同様、できるだけ明確にその範囲および内容を規定する必要があるが、支援技術のデザインについては確かな基礎ができあがっている。ここ70年ほどの間、そうした基礎を拠りどころにして製品が作られてきた。ヘッドアップディスプレイや対話型UIといった最近の製品は進歩を続けながら、アシスタントとして成功を収めている。エージェント型技術のデザインに支援的側面が必要になることはよくあるが、両者は同じではない。

　一見わずかな違いに見えるが、たとえば海外旅行の目的地までのチケットを買う場合に、ふたつの技術でどう違うか考えてみよう。支援技術の場合、選択肢をすべて挙げ、それぞれの長所と短所を明示してくれる。そのため、自分で選んで、出費しすぎたり、惨めにも5時間乗り継ぎ待ちをしたりする羽目に陥らずに済む。これに対してエージェント型技術は、最適なチケットを求めて、すべての航空会社の割引価格をもれなくチェックし、利用者の選択肢に入っているものが見つかれば教えてくれる。非常におすすめの候補なら、手配の許可を出せば代わりに購入までしてくれる。

「対話型のエージェント」との違い

　「エージェント」という言葉はサービスの分野において「顧客をサポートする

人」という意味で使われてきた。「カスタマーサービス・エージェント」といった使われ方だ。こうした「エージェント」がユーザーに対して行うのは、ほとんどの場合、直接的なサポートだ。エージェント自身が面と向かって、あるいは電話で、待ち時間を最小限に抑えるよう配慮しつつ直接顧客に応対する。イメージとしては「アシスタント」にかなり近いと言っていいだろう。だが「アシスタント」という言葉を使ってしまうと少々面倒なことになる。この言葉は「仕事を手伝ってくれる人」という意味でも使われてきた。「口述筆記してちょうだい」といったように直接的にその場でサポートしてもらう場合にも、また「追って通知があるまで電話は取り次がないで」といったようにエージェント的にも使われてきたのだ。

　人の場合、「エージェント」と「アシスタント」はともに、エージェント的な役割もアシスタント的な役割も果たせるためいっそう曖昧になる。ともかく選択をしなければならないので、ここでは語の本来の意味を考慮して、「アシスタント」は何らかの仕事（タスク）に対して手助けをするもので、「エージェント」は「代行者」としてユーザーのために物事をしてくれるものであると考えることにする。こうすれば、これまで使ってきた「エージェント」や「エージェント型」という語をそのままの意味で使い続けられる。

　ところが、この表現の解釈を複雑にしている現状がある。最近のインタラクションデザインの傾向として、「チャットボット」などの対話型ユーザーインタフェースを使用するようになっている現状だ。チャットボットとは、ユーザーがチャット上で入力したコマンドに対して、自然言語の処理に長けたソフトウェアが働いて、人間の代わりに自動で適切な回答をするプログラムだ。典型的な例としては、（トラベルエージェントがするような）航空券の購入や映画のチケットの販売などがある。

　こうしたシステムが対話で応答するパターンは、ユーザーとカスタマーサービス・エージェントとの会話を模倣したものであるため、「対話型エージェント」と呼ばれているが、筆者は「対話型アシスタント」と呼ぶほうが適切だと考えている（筆者に聞いてくれていればこうした「誤用」は広まらなかったが、時すでに遅しだ）。したがって筆者が「エージェント」という言葉を使う時、それは対話型エージェントを指すのではない。エージェント型技術が、対話型のユーザーインタフェースを介してユーザーと関わる場合もあるが、両者の意味するところは異なる。

52　　　　　　　　　　　第2章　エージェント型技術の到来

ロボットとの違い

エージェント型技術はロボットと同じではない。だが、我々はロボットが大好きだ。特にSF好きの米国人の会話では、映画『メトロポリス』のマリア、『スター・ウォーズ』のBB-8、ゲーム『Portal』に登場するGLaDOSなどのロボットがよく登場する。

ロボットはイメージしやすい存在なのだ。我々の身の回りには人間に関わる知的エージェントがたくさんあるが、ロボットは金属とプラスチックでできた人間のようなものと考えられる。そのため、エージェントという抽象的存在と、ロボットという具体的なモノをまとめてひとつの存在として扱うのは簡単だ。だが、そうすべきではない。

もうひとつの理由は、ロボットは（エージェントもそうだが）強制労働をさせても倫理的な問題が生じない点だ（倫理的な問題については第12章で詳しく論じる）。この考え方でいくと、エージェントは人間のために奴隷のように働く。エージェントを従属させようが、隷属までさせようが、人間の場合とは違って配慮する必要もない。エージェントもロボットも、人の役に立つようにプログラムされている存在だ。どちらにも苦しいという感覚もなければ、自由になりたいという願望もない。ネスト・サーモスタットに「自分の夢を追いかけてもいいんだぞ」と言えば、「わたしの夢は一年中あなた様に快適に過ごしていただくことです」と答える。エージェントがこのように動作するようプログラミングされていなければ、ユーザーはイライラしてしまうだろうし、エージェントが汎用AIであったらエージェント自体が困惑してしまうだろう。

もちろん、ロボットにはこれを動かすソフトウェア（エージェント）が入っていて、このソフトウェアが必要に応じてエージェント的に動作することも多い。我々人間の頭や心が体と切り離されることがないのと同じように、ロボットのエージェントもハードウェアのロボットと同じ場所にいる。しかし、この点はエージェントには必ずしも当てはまらない。たとえばヘルスケアエージェントは、基本的にはスマートフォンに存在しているが、体重計に乗る時にはそこに入り込むし、レストランに行けばメニューと話し合い、ジムではトレーニングマシンに入り込んだりもする。また、診療所に行けば、医師の拡張現実システムの中に入り込む、といった具合に機器間を自由に移動する。したがってロボットが家庭用のエー

ジェント型技術となる一方で、エージェントが特定のロボットを占領してしまうこともある。ロボットとエージェントという概念は必ずしも密接に結びついているわけではないのだ。

ソフトウェアによるサービスとの違い

エージェント型技術について考える上で、賢いソフトウェアが提供するサービスと比較するのは意味のあることだろう。サービスデザインについて学んだことがある人ならば、「ユーザー中心」という考え方になじみがあると思う。ユーザーはエージェントに、サービスしてもらうための「代行許可」を出すことが多い。郵便配達業者には先方へ手紙を届けてもらうことと自分宛の手紙を届けにくることを認めているし、国会議員には法を制定する権限を認めている。投資信託を購入すれば株式の管理を任せていることになる。麻酔専門の医師がいる病院に対しては、手術中の意識の完全消失を許可している（筆者が実際にお世話になる可能性は低いが）。

サービスとは（ユーザーと直接関わったり、人目につかない舞台裏で活動したりする人間を介して）価値を提供することだ。これに対して、エージェントが舞台裏で行うのは、プログラムされたとおりに動作することと、他のエージェントと協力することだ。高性能なものになると人間による処理が必要になる場合もあるかもしれないが、結局のところエージェントは基本的にはソフトウェアであり、サービスではない。サービスのデザイナーは、人間の基本的な常識や能力を前提とすることができるが、同じものを提供する場合でも、ソフトウェアを利用して実現する場合には、まったく違った方法で処理しなければならない。

オートメーション技術との違い

人とコンピュータのインタラクションを研究している人であれば、オートメーションの分野の研究と、筆者が述べている内容に類似のテーマがあることに気がつくだろう。だが、オートメーション分野の目標がシステムからの人間の排除であるのに対し、エージェント型技術は人間をそのサービスの対象としている。エージェントにも自動化されたコンポーネントが搭載されることはあるが、エー

ジェント型技術とオートメーション技術では狙いが異なる。

テクノロジーはすべてエージェントというわけではない

　最後に少し哲学的な思考をしてみよう。電灯のスイッチはエージェントとは言えないのだろうか。「スイッチの位置」がデータの流れで、それを監視するエージェントだとは言えないのか。スイッチのオン・オフに従って、電灯が点いたり消えたりする。

　同様に、キーボードの各キーは、押されることでスイッチがオンになり、キーボード上の小さな処理装置に電気信号が送られる。この信号は文字コードに変換されてソフトウェア的に処理され、押したキーに対応する文字が画面に表示される。この一連の動作を、機器はユーザーの代わりにすべてやってくれる。では、キーはエージェントと言えるだろうか。状態ベースの機械はすべてエージェントなのだろうか。この世はエージェントであふれているのだろうか。

　もちろん、哲学的に答えを出したいのなら、議論を続ければよい。だが、それにどれだけの意味があるのかは疑問だ。エージェント型技術の有意義な定義とは、既知のテクノロジーを個別に検証するためのものというよりは、むしろプロダクトマネージャーやデザイナー、ユーザー、一般人が、この技術を考えるための有効な手立てとなるものだ。電灯のスイッチを例に挙げよう。スイッチを単なる製品としてデザインするなら、決められた仕様に従って行えばよい。しかし、どのように問題を解消するべきか——つまり、手動型のスイッチにするか、あるいは動作感知装置付きのスイッチや、最新の画像処理機能搭載のカメラ付きスイッチのようなエージェント型にするか——という観点からスイッチを考えると、よりよいデザインが可能になるのだ。エージェント型技術という考え方の真価はここから生まれる。エージェント型技術は、われわれ人間の心身も含めて、この世界全体に広がり、人間の負担を軽減していくものなのだ。「人の負担を軽くしたい」「やりたくなくても、やらなければならないことを片づけられるようにしたい」。そのためにエージェントが必要なのだ。

　この実用的な定義を十分理解してもらうためのフローチャートを作成してみた。次に挙げるすべての質問の答えが「イエス」なら、エージェント型技術を採用するとよいだろう。

- 理性的に判断して、他人に委託できる仕事かどうか。語学を学ぶ学生がその勉強をエージェントに託し、言語能力の習得をあてにすることはできない。同様に、筆者がジムにエージェントを派遣して、代わりに自分の筋力アップを期待することも不可能だ。倫理的に考えて、エージェントに自分の仕事をこっそり代わってやってもらいながら、その仕事の報酬は受け取るというのはご法度だ。

- タスクのトリガーが、確実にコンピュータで制御できるかどうか。たとえば、トリガーとなるイベントが主観的判断に委ねられていると、始動時にユーザーの処理が必要になってしまう。このような場合、タスクの実行にもユーザーからの何らかの介入が必要となってしまうケースが多いだろう。

- ユーザーが作業実行時に集中を要するかどうか。このような必要がないのであれば、ユーザーの手を煩わせることは無用だろう。

- そのタスクはユーザーからのインプットなしに信頼性を持って実行され得るか。これには初期設定やゴールの設定も含まれる。これが可能ならば、ユーザーの手を煩わせることは無用だろう。

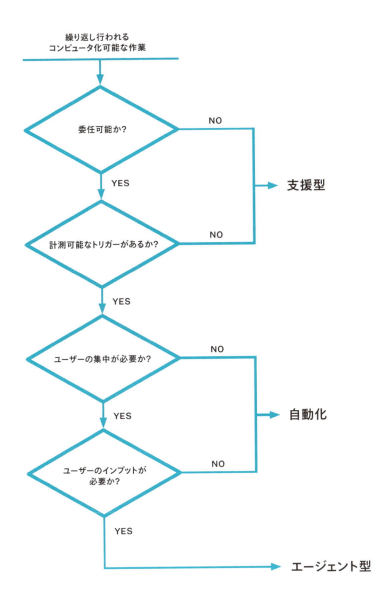

この章のまとめ

エージェントとは永続的に
裏方に徹する助っ人だ

　エージェント型技術は、サーモスタットなど単発の発明では終わらずに、人類が長年にわたって抱えてきた数多くの問題を解決するため、身の回りのさまざまな場面に登場しつつある。この事実は、エージェント型技術の特性、他の技術との差異をよく理解しておくことで、より明確になる。

エージェント型技術とは次のようなものだ。
- 永続性のあるソフトウェアである
- データの流れ（ひとつあるいは複数）を監視しトリガーを見つける
- ユーザーの目的や好みに応じてタスクを遂行する

エージェント型技術は次のものとは異なる。
- 作業を遂行するユーザーの手助けをする技術（支援技術）
- 対話型エージェント。これは「対話型アシスタント」と考えるのが適切である
- ロボット（ハードウェアと密接な関係を持つソフトウェア）。ただし、エージェントがロボットという形態を取る場合もあるし、ロボットがエージェントとして機能する場合もある
- オートメーション技術。この場合、人間の役割は付随的でしかないか、最小限に抑えられている

エージェント型技術の特色
- 執事にたとえられる
- セットアップの容易さとタッチポイント（ユーザーとの接点）での明確

な情報提供に焦点を当ててデザインされる
- ほとんどの場合、作動中の様子は見ることができない
- タッチポイントにおいてはユーザーの集中と慎重な対応が求められる
- タッチポイントの目的は、情報の伝達、軌道修正、エージェントの順調な進行の確認である

第3章
エージェント型技術が
世界を変える

Chapter 3
Agentive Tech Can Change the World

「瞬間」から「興味」へ ——————————— 62

不得意な作業をエージェントに任せる ——————— 67

エージェントは人間がやりたくないことを
引き受けてくれる ——————————————— 71

エージェントは人には頼みにくいことをやってくれる —— 72

エージェントに任せきりにすべきものとそうでないもの —— 73

エージェントは「ドリフト」で「発見」を促す ————— 75

エージェントは最小限の努力での目的達成を助ける —— 77

シナリオは生涯に及ぶ ——————————————— 79

エージェント同士の競争も ——————————————— 80

エージェントはインフラに影響を与えるほど拡大中 —— 81

エージェントは場所やものに結びつく ——————— 82

エージェントは人間の弱点を克服するのにも役立つ —— 83

エージェントを介して世界をプログラムする ————— 84

エージェントは人類の未来を
大きく左右する（かもしれない） ——————————— 86

この章のまとめ——そう、世界が変わるのだ ———— 88

第1章ではエージェント型技術の一例を取りあげてその進化を詳しくたどり、第2章では他の類似の技術をひとつひとつ分析し、エージェント型技術との違いを明らかにした。今度は数多くの例を見て、エージェント型技術のすばらしさを実感してほしい。

「瞬間」から「興味」へ

　ツールは「使う瞬間」を強く意識してデザインされる。成し遂げたい「タスク（仕事）」や達成したいゴールを意識し、アフォーダンスに留意してわかりやすいインタフェースを構築する、ボタンやスイッチなどの「コントロール」をうまくデザインし機能との対応をわかりやすくする、インタラクションのどのレイヤーにおいても意味がわかりやすいフィードバックを提供する、といった事柄に焦点が当てられる。インタラクションデザインの最小単位はsee-think-do（「見る-考える-行う」あるいは「現状把握→分析→実行」）のループだ。

　エージェントを使う大きな利点は、ユーザーがその存在さえ知らないものまで検討の対象にしてくれることだ。すてきなシャツ、ウェブ上の話題、好きなアーティストの新譜など、まったく知らなかったことまで見つけ出してくれる。このため、エージェントを使った検索の設定は、「現在あるもの」ではなく、「将来登場するかもしれないもの」まで加えた条件を設定することが重要になる。言い換えると、エージェントに伝えるべきは（具体的なものではなく）「興味の対象」なのだ。

Googleアラートによるウェブ上の更新情報の入手

　大部分の人はGoogleを検索エンジンだと認識しているというのは言い過ぎだろうか。検索欄に「agentive」（あるいは「エージェント型」）と打ち込めば、該当するウェブ・ページ、ニュース記事、ウェブ上の画像が出てくる（ちなみに本書執筆時点では、本書で使っている意味で使われている検索結果はわずかである。何しろこの言葉を暗闇から救い出そうという筆者の旅は始まったばかりなのだ）。しかしhttp://www.google.com/alerts では「継続的な検索」を設定できる。キーワードに

マッチするものがニュース、ブログ、ウェブフィードに新たに現れると、エージェントからメールが届く。

　これを使えば、関心のあるものほぼすべてについてアラートを設定できる。そのキーワードがGoogleのテキスト検索でヒットすれば「アラート」になるのだ。
　Googleアラートのページでは、ユーザーが関心を持ちそうな事柄に対してアラート検索を（正しく）設定した例も用意されている。それによってユーザーは関心の持てそうなものを手軽に選択できるだけでなく、それを手本に新しいアラートの設定方法を学ぶこともできる（マーケティングの一手法と見えなくもないが）。

Chapter 3 Agentive Tech Can Change the World　　　63

こうしたツールを使ってエージェントに自分の興味の対象を伝えておくと、関連する最新情報を知らせてくれる。ただし「ウェブ上で触れられたかどうか」だけが欲しい情報のすべて、というわけでは必ずしもない。好きなミュージシャンがいつ新作を発表するのかといったことも気になるだろう。

iTunesによる音楽関連情報のフォロー

　iTunesを使っている人も多いだろうが、このアプリは「スマートプレイリスト」と「フォロー」という2つのエージェント的な機能を持っている。
　通常の「プレイリスト」はこれといって面白味のない曲のまとめ機能にすぎない（いや、皆さんがプレイリストに入れている曲が「面白味がない」と言っているのではない。プレイリスト作成のソフトウェアがそれほど賢くはないという意味だ）。手動で編集はできるが、自分で変更しない限りずっとそのままだ。
　一方スマートプレイリストでは、ユーザーはプレイリストに入れたい曲の特徴を選ぶ。そして曲のコレクションに変更があるとプレイリストがエージェントとして機能し、追加された曲の中にプレイリストの定義に合うものがあるかどうかをチェックする。あれば、「ライブアップデート」の機能で自動的にリストに曲が追加される。

　この定義によって、テンポを示すBPM［beats per minute。1分間あたりの拍数］を基準に、筆者が好むテンポの歌から成るプレイリストを作成できる。確かに些細なことだが、これによって筆者はこのエージェント型技術に自分が関心を持っている事柄を告げ、残りの作業を担ってもらうことができる。
　iTunesのエージェント的な機能の2つ目は「フォロー」だ。iTunesのアーティ

ストページを見ると、フォローのボタンがある(本書の執筆時点では、この機能を利用するにはApple Musicに登録する必要があり、登録が終わるとページ右側にある青いボタンの下のドロップダウンリストに現れる)。ボタンをクリックすればそのアーティストをフォローできる。

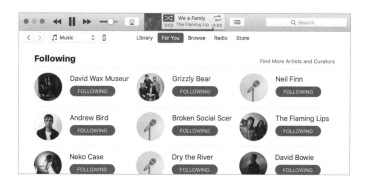

この操作の結果がどうなるかは、iTunesでは詳しく説明されていないが、それでもざっとGoogleで検索したところによると、フォローするアーティストの新譜が発売されるとメールが送られてくるようだ。

より賢いエージェントなら、新曲の発売以外のイベントも教えてくれるだろう。そのアーティストがツアーで自分が住む町の近く(または旅行で行く場所の近く)に来るのはいつか、マスコミのインタビューを受ける日はいつか、インターネットに新しいビデオを投稿するのはいつか、といったことも知りたいのがファン心理だろうが、こうした仕事はGoogleアラートのほうが適しているのかもしれない。ところで、興味の的はデジタルなものだけとは限らない。物理的な物の場合もある。

eBayの「followed searches」による物探し

オークションサイトeBayは欲しいものが手頃な値段で手に入る便利なサイトだが、ここにも「followed searches」というエージェント型機能がある。1999年に「Personal Shopper」という名で始まったこの機能を使うと、検索を「実行状態のまま」保つことができる。希望のスタイル、サイズ、値段の物が今は見つからなくても、自分に代わって新たに出品されるすべてのアイテムに目を光ら

せておくようサイトに依頼し、条件に合うものが出てきたら知らせてもらうことができるのだ。

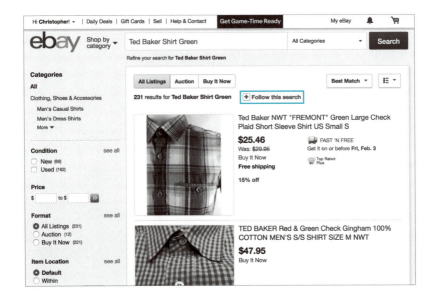

　このようにeBayには、その時点で欲しいものを見つける検索ツールと、興味のあるものを継続して追いかけるのに役立つエージェント型ツールの両方が用意されているわけだ。
　以上、エージェント型技術の例を3つあげたが、この種の検索で興味深い点は、具体的すぎる検索キーワードを入れると逆効果になることだ。「サンフランシスコで、53ドルで販売されているテッドベーカーの緑色のシャツ」を検索すると、探しているとおりのシャツが見つかる可能性はゼロではないが、これを継続しても実りある結果は得られないだろう。ユーザーはより抽象的な検索を設定できる必要があり、エージェントはその作業を支援する必要がある。
　こうした継続的な検索ができれば、ユーザーは興味があるものを自分で見つけなくても、興味あるもののほうから見つけてもらう感じにできる。好きなアーティスト（または作家）の最新情報を知らせてもらうよう登録したり、面白そうなものがウェブで話題になったら知らせてもらったりできる。マイナス面としては「オプトアウト［自ら停止］」しない限り広告が届いたりしかねない点だが、うまくいけ

ば、立場が逆転して、興味あるもののほうからユーザーを見つけてくれるようになるかもしれない。これが標準となった時に、マーケティングや広告はどう変わるかも興味深いところだ。

不得意な作業をエージェントに任せる

オートパイロット（自動操縦）機能はとても便利だ。A地点から遠く離れたB地点へ移動する道中は単調なものになりがちだし、いつも気を張っていなければならないというのは疲れる。この100年で、船や飛行機用のオートパイロット機能はだいぶ充実してきたし、自動車についても類似のシステムが開発されつつある。

船の自動操舵

おだやかな海を行く場合、船長は船の進行方向を同じに保つだけでよい。初期の装置は、風向計を使って風に対する船の角度を一定に保つ仕組みだった。今日、このようなシステムにはいくつかの名前がある。もっとも一般的な名称は「（船用）オートパイロット」だが、レイマリン社の製品ラインの商標「オートヘルム」が一般名詞化したものもよく使われる（この名前なら航空機用の自動操縦装置とはっきり区別できる）。たとえば船長は、一番単純なモードで「自動」ボタンを押して維持するべき角度を示せば、あとはおいしいラムベースのカクテル「ホット・バタード・ラム」を味わったり、ミュージックコメディ『ヨットロック』シリーズの次の回を見たりしていてもかまわない、というわけだ。

画像提供　NORM BUNDEK (MONTGOMERY SAILBOAT OWNERS GROUP PHOTOS)

GPS、ソナー、航路表示装置が付いた高価なものもあり、オートヘルムが針路、水面上と水面下の障害物、位置（および対応する法律）、予定の航路を認識してくれる。舵柄[自動車のハンドルに当たるもの]に触れるのは例外的な行動であって、通常は必要ない。

船長はたとえば、航路を外れていることに気づいたり、オートヘルムから鳴り響くアラームが聞こえたりしたら、すばやく船を通常の状態に戻す必要がある。オートヘルムは通常の機構の上に追加されているものであるため、問題を見極め、必要とあれば装置をすばやく解除して手動操縦に戻し、問題を従来の方法で解決することができる。オートヘルムそのものに問題があれば、修理が必要になるケースもあるだろうが。

飛行機の自動操縦

航空機のパイロットは、船を操縦する場合に比べて複雑な「変数」を管理する必要があり、しかもミスが許される範囲も狭い。そうは言っても、長時間の飛行には退屈な部分があることも確かだ。最初期の機械式の自動操縦装置は単純なオートヘルムと似たような仕組みだったが、その後さまざまな拡張がなされており、現在では、一定以上の大きさの長距離旅客機では自動操縦装置が必須とされ、高度、速度、スロットル（燃料の流入）、機首方位、航路をコントロールする多くのサブシステムから成り立っている。航空機のパイロットは何かと忙しく、ただボーっとしているわけにはいかないが、単純な作業の一部は自動操縦装置を使って楽に管理できるし、万一問題が生じれば警告が発せられるようになっている。

WIKIMEDIA COMMONS https://en.wikipedia.org/wiki/Autopilot
[日本語版Wikipediaは https://ja.wikipedia.org/wiki/オートパイロット]

　インタラクションデザインの権威ドナルド・ノーマンはパイロットと自動操縦装置とのやりとりを研究し、高度25,000フィート（約7,600メートル）を飛行するパイロットが問題を察知し、その原因を見極め、そして飛行機と乗客を救うべく通常の態勢に戻るには約5分かかると見積もっている。

車の自動運転

　無人自動車が路上で見られることはまだ滅多にないが、自動運転の取り組みは既に始まっている（何年か後には無人運転車のほうが普通になっているかもしれないので、そのうち「自動車」は「無人自動車」を意味するものになっているかもしれない）。テスラ、ボルボ、メルセデス・ベンツなどのメーカーの自動運転車では、ドライバーがいつでもハンドルを握れるよう前を向いていることが前提になっている。Googleの無人自動車は最終的には全面的なエージェント型自動車になると想定されているため、乗客がハンドルを握る必要はない。しかしこの技術が道路に徐々に導入されつつある現段階では、無人自動車の運転席には人間が座り、問題が起きた時にいつでもハンドルを握れるようになっているほうが乗客

は安心だろう。ちなみに議員たちも同じ意見のようだ【注1】。

写真提供　GOOGLE

　ただ、運転手が運転せずそこに座っているだけだとして、前方に注意を向け続けることは可能だろうか。ウェブページやアプリの利用中に10秒間反応が返ってこなかったら、ユーザーは他のことをやり出すだろう。一方、10秒以内で到着するような場所に車で移動するのは無意味だ。運転手の積極的な関与を維持する何らかの手段（たとえばレーシングゲームのようなもの）を導入する必要があるかもしれない。いきなり「もう対応できませんので、運転を代わってください」と言ってこられても無理がある。スマートフォンで時間制限のある難しいゲームをもう少しでクリアするというところでアラーム音が鳴っても、すぐに対応するのは難しい。

1　カリフォルニア州の例が次のページに記載されている──http://spectrum.ieee.org/cars-that-think/transportation/self-driving/google-reported-to-be-setting-up-standalone-robocar-ridesharing-service

エージェントは人間がやりたくないことを引き受けてくれる

　ShotSpotter(銃声探知システム)は、数多くのマイクから送られてくる音を常に分析し、銃声が聞こえると各マイクのタイムスタンプの比較などにより、1メートル以内の誤差で銃声の位置を突き止めるエージェントだ。これにより発砲から数秒以内に警官が出動できる。

　販売員の説明によると、ShotSpotterは警察の到着時刻を早める以外にも有用だという。「きっと誰か他の人がすでに通報しているだろう」という「傍観者効果」が働いてしまい、誰も通報しない時でも警察には連絡が行くのだ。治安の良し悪しに関わらず起こり得る現象だが、販売員によると犯罪率の高い地区に住む市民は密告者のラベルを貼られ、犯罪を通報したせいで被害を受けることを恐れる場合が多いのだそうだ。ShotSpotterが代わりにこの責任を負ってくれるわけだ。

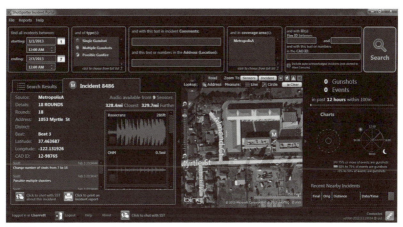

写真提供　SHOTSPOTTER, INC.

自動〇〇を「うまく」失敗するには

エージェントはユーザーの注意が他に注がれている間に働いてくれるので時間の節約につながるが、「よいことばかり」ではない。ユーザーが自分の仕事をエージェントに託したところ、大きな問題が発生し、危機を回避するために急遽引き継がなくてはならないケースもある。

そういう場面でユーザーに「どう現状を把握してもらえばよいのか」「どこに、どんな問題が発生したのか」「事態を収拾するためにユーザーはどうすればよいのか」「どのような選択肢を提示し、どのようなアクションを推奨するか」「エージェントによる制御と手動制御の"引き継ぎ（ハンドオフ）"はどのように行うか」。あるいはオートヘルムを明示的にオフにして手動に切り替えるような「能動的な引き継ぎ」がよいのか、それともハンドルをつかむだけでクルーズコントロールが解除されるような「受動的な引き継ぎ」がよいのか。この引き継ぎはどの程度すばやく行わなくてはならないか。どうすればそれを効率よく行えるか。我々デザイナーはこういった疑問に答えていかなければならない。

インタラクションデザインの世界に新たに投げかけられたこうした問いに対して、解答を探す作業は楽しくもあるが、真剣な議論も必要だ。移動に必要な作業をエージェントが担当してくれれば、社会全体で見ると、移動手段の安全性と効率が高まることになる。また、移動する者にとっては作業が減り、自由時間が増えることにもなる。

こうした問題はデザイナーにとって重要な意味を持つものなので、本書では2つの章（パートIIの第8章と第9章）で詳しく論じる。

エージェントは人には頼みにくいことをやってくれる

初めてのデートは悩ましいものだ。相手が本当に魅力ある人なのか、すれっからしの要注意人物か、最初のうちは判断が難しい。助言をしてくれる人がい

ると助かるが、デートのたびに友人に「離れたところから様子をチェックしてて」と頼むわけにもいかない。こんな時はkitestring.ioという「安全確保エージェント」が便利かもしれない。予定しているデートの日時などの情報と緊急連絡先をkitestringに知らせておく。指定の時刻になるとkitestringから安全確認のショートメッセージが届く。返事をしなかったり、中止用の合い言葉を返さなかったりした場合、デートの情報が緊急連絡先に転送され安全を確認してもらえる。中止用の合言葉を返すと、kitestringはデート情報を消去し安全確認を止める。慎重な行動の代わりになるものではないが、時と場合によっては便利かもしれない。

エージェントに任せきりにすべきものとそうでないもの

　分野にもよるが、ユーザーはエージェントに操作を一任し、エージェントのことを思い出すのは問題が起こった時だけ、というタイプもある。長期の資産運用はその一例と言えるだろう。毎日気にかけていたい人は多くはないはずだ。しかし対象の分野によってはユーザーとの頻繁なやり取りが必要なタイプもある。

　たとえばiPhoneの自動修正機能だ(エージェントというよりはアシスタント的な技術に近いが、ここではそのエージェント的性質に目を向けよう)。この機能が有効になっている時にユーザーが単語の綴りを間違うと(または辞書に登録されていないような使用頻度の低い単語を入力すると)、確からしいと推測される単語に置き換えるよう提案してくる。スペルチェッカーはパソコンが登場して以来存在していると言ってもよいくらい昔からあるが、オートコレクト機能にはパソコンのスペルチェッカーとは2つの点で違いがある。ひとつはメッセージの送信やステータスの更新が行われるまで、自動的に単語の修正が行われたことにユーザーが気づかないインタラクションデザインになっている点、もうひとつは画面にキーボードが表示されるスマートフォン用のOSであるため、もともと入力ミスが多いという点だ。

　ほとんどの場合オートコレクト機能は問題なく動作し、ユーザーが気づかないうちにミスを直してくれるが、おかしな修正もある。多くはないが、笑えるものもある。

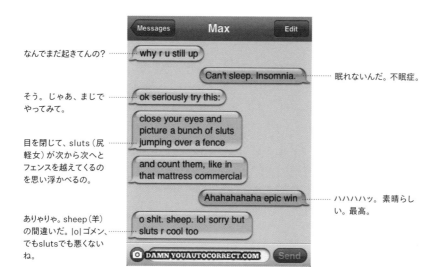

　言葉遊びが好きな人にとっては、オートコレクト機能は「助け」というよりはむしろ「迷惑な存在」かもしれない。「年齢に関係なく遊び心あふれる表現は大切だ」などと長広舌をふるうのはやめるとして、とくにティーンエージャーにとっては仲間内の流行り言葉を使わないわけにはいかないし、サブカルチャー隆盛の一要因でもある。共通のアイデンティティーを生み楽しむためのものなのだ。「turnt（メチャクチャ盛り上がる）」、「bae（カッコイイ、愛しい人）」「yas（サイコー、絶対賛成）」「nudnik（イヤなヤツ、マヌケ）」といったスラングが使われているが、これは皆、自動修正の対象になってしまう。修正提案を無視するにせよ辞書登録するにせよ、入力速度は大幅に低下してしまうので、自動修正機能そのものをオフにしたほうがはるかに楽だ。ユーザーがどんな言葉遣いを好むのかをエージェントが分析し、交信相手の傾向も考慮して、余計な修正を控えてくれることができればそれがベストだろう（ちなみに『Damn You Auto Correct（オートコレクトのバカッ）』というブログを編集した書籍の**第2版**が出ている）。

エージェントは「ドリフト」で「発見」を促す

　IBMは2005年から深層学習エンジン、Watson（ワトソン）の開発に取り組んでいる【注2】。初めて公の場に導入されたのはクイズ番組「Jeopady!」で人間と対戦するためだったが、2011年にその番組で勝利を収めて以来、プロジェクトは別の方向に発展を遂げている。プロジェクトのひとつの副産物として2015年にネットに登場したのがシェフ・ワトソンだ。一見するとよくあるレシピのデータベースで、検索欄に材料を入力するとレシピが見つかる。

　しかしシェフ・ワトソンには他とは一線を画する特徴がいくつかある。たとえば、基本となる材料との「シナジー」効果で、香りなどの特徴に基づいて類似の食材を自動的に検索する点だ。また、所定の材料群から既存のレシピを見つけ、それを「ドリフト（漂流）」させるという機能もある。「ドリフト（drifting）」というのは筆者の言葉だが、既知のレシピを取り上げ、本来の材料に代わる材料を見つけることを意味する。「レモンタルト」を少しだけドリフトさせると「ライムタルト」に変化するし、かなりドリフトさせれば、たとえば「マンゴスチンタルト」に

2　https://ja.wikipedia.org/wiki/ワトソン_(コンピュータ)

なるといった具合だ。もしかしたら「柚子クイニーアマン」もいけるかもしれない。このソフトウェアには本当に驚かされる。図にあげた例では、お茶とレモンのグレービーのレシピを料理の月刊誌『Bon Appétit』のサイトから取り上げ、それをドリフトさせてレモンの代わりにカラカラオレンジを使っている。

　さらに、データベースをチェックし、シェフ・ワトソンが知る限り、世界で一度も試されたことがないレシピを知らせてくれるようにもなっている。なかなか見事な考え方だ。実際に作ってみて悲惨な状況に陥ってしまうこともあるだろうが、新たな味が発見できるかと思うとワクワクするではないか。

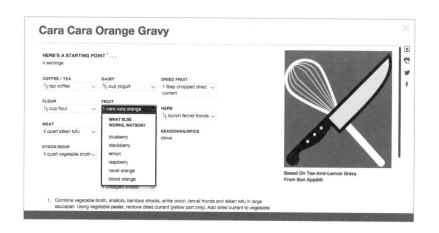

　そうは言ってもシェフ・ワトソンは半ばランダムにレシピを改変するただのコンピュータに過ぎず、味蕾を持つ人間ではないこと(それに材料がすべて手に入るとは限らないこと)も理解しており、ユーザーが「手動で」ドリフトする余地も残している。上の図ではカラカラオレンジをクリックしたところ、自分の好みに合わせたり、さらにドリフトしたりするためにリストからどのフルーツ(ブルーベリー、ブラックベリー、レモン、…)を選んでもよいと知らされている。

　本当の意味でエージェント型のシェフ・ワトソンなら、(卵と乳製品は食べるベジタリアンとか、キノコと海の香りは嫌いといった)食べ物の好みを保存しておくことができたり、暦に従って旬の料理のレシピが送られてくるような機能も欲しいところだ。将来的には個人の予定表を見る許可を与え、持ち寄りパーティーの予定が入ったらレシピの提案を受け取るといった機能も期待できるかもしれない。

遊び心あふれる「ドリフト」で、エージェントは厳格なルールを押しつけることなくユーザーを創造と発見に誘い、そのあいだ常に賢い選択が可能な状況を維持してくれる。

エージェントは最小限の努力での目的達成を助ける

「タスク」とは基本的には、さほど大きな単位の作業ではなく、時間や作業内容に一定の枠があり、より大きなゴールを目指すためのサブ的なものを指すのが普通だ。たとえば「写真を撮る」というタスクで、「友だちのために楽しい休暇の思い出を保存する」という目的を果たす場合があるし、「自然の捉えどころのない美を切り取る」という目的を果たす場合もある。ほとんどのデザインはタスクにフォーカスしており、それによって機能的には申し分のない製品が作れる。しかし、ユーザーの目的を重視したデザインのほうが「愛される」製品につながる。ユーザーの人生やアイデンティティーに寄り添う製品になるのだ。こうした文脈で考えると、エージェントは目的を重視したデザイン思考の究極の表現とさえ言えるかもしれない。エージェントによりユーザーは最小限の努力で目的を達成することができるのだ。

デザインにまつわるこの単純明快な原則で、目的にフォーカスしたエージェントが、なぜタスクにフォーカスしたエージェントに勝るのかが説明できる。たとえばカメラを考えてみよう。オートフォーカスのカメラが登場したのはずいぶん前のことだが、おかげで写真撮影にはつきものだった複雑な設定が不要になった。写真を撮るという目的は何も変わらないが、タスクの「重さ」はずいぶん変わった。さらにこれを「ナラティブクリップ」などの「ライフブログ」用のカメラと比較してみよう。このカメラは小さな四角いデバイスで、背面にはクリップが、正面には小さなレンズがついている。そしてレンズが光を感知している限り、30秒ごとに写真を撮影する。シャツにクリップで留めておけば、1日の終わりには2,000枚前後の写真が撮れていることになる。ナラティブクリップは撮影された写真すべてをサーバにアップロードし、「セグメント」単位に分類し、各セグメントから最高の写真を1枚選び、その数少ない最高の写真をアプリ経由でユーザーとシェアしてくれる。こうした賢いアルゴリズムを活用するソフトウェアが付

属していなければ、莫大な枚数の写真をユーザーが自分で分類し、移動しなければならない。ナラティブのアプリでは、既に選択された写真を確認してからコメントを付けたり、SNSでシェアしたりすればよいだけだ。これはカメラのようなものではあるが、カメラではないのかもしれない。ユーザーの生活に焦点を定め、単に写真を撮るのではなく、「すばらしい写真」を撮る「エージェント型のカメラ」なのだ。

写真提供　NARRATIVE

　同じようにルンバも、従来のものとは似ても似つかぬ電気掃除機だ。従来の掃除機のデザインが目指していたのは、「軽量、強力、人間工学を重視してユーザーが床を掃除しやすくすること」だった。しかしルンバのデザイナーは問題を根本から考え直した。ルンバはエージェント型掃除機なのだ。普段は「ホームベース」で充電しており、予定の時刻になると掃除をし、バッテリーがなくなりそうになるとホームベースに戻る。ユーザーはときどきごみを捨てるだけでよい。

写真提供　iROBOT

　ナラティブクリップもルンバも、ユーザーがタスクを完了する上で「より便利なツール」を目指すのではなく、エージェント型技術を利用して「目的の達成」を重視することで既成概念を打破したのだ。

シナリオは生涯に及ぶ

　大半のテクノロジーがフォーカスしているのはユーザーがものを使う場面だ。ユーザーを表現するために使う仮想の人間像である「ペルソナ」でさえ、年齢が設定されている。長くても1年の期間しかない。しかしエージェントはユーザーのために長期にわたって物事を処理してくれる。このことを考えて、エージェント型技術においてはユーザーの生涯全体を視野に入れたシナリオを描くべきだ。

　ベターメント社のロボット・ファイナンシャルプランナーは、ユーザーが選んだリスク許容度を考慮してバランスのとれた投資ポートフォリオを維持できるようにしてくれる。投資家に長期目標（退職時にまとまった収入を得る、住宅購入のため

の頭金を用意するなど）を決めてもらうが、数十年におよぶ長期目標なので、若さあふれる時代から、退職間近でそれまでに得たものを失わないようにと慎重になる時期、そしてついに退職を迎えて蓄えを活用し、老後を楽しむ時期までの、ユーザーの目的の変化を考慮に入れなければならない。

　テクノロジーの進化は加速している。5年後、10年後に世界やテクノロジーがどのような姿になっているかを正確に知ることは難しいので、遠い将来のシナリオは希望的な観測を含む曖昧なものになりがちだ。エージェント型技術はユーザーに長期的な展望を持つよう促し、少なくとも今わかっていることを踏まえて将来を考えるようすすめる。

エージェント同士の競争も

　本書では、主に善意のユーザーのために行動するエージェントについて語っているが、この点であまりに楽観的にならないよう注意が必要だ。悪意あるエージェントも存在し、人を傷つけたり、苦労して稼いだお金を奪おうとしたりする。こうした悪に対抗するべく、既に活躍しているエージェントもある。ほぼ全面的にバックグラウンドで働き、「ナイジェリア詐欺［先進国の豊かな人からお金を騙し取ろうとする国際的な詐欺］」やうるさい宣伝メールをユーザーの目から遠ざけてくれる、迷惑メールフィルタだ。

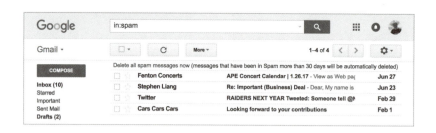

　迷惑メールフィルタがエージェントだとは思っていなかった人もいるかもしれないが、これもエージェントだ。届くメールすべてを粘り強く監視し、各メールの「迷惑メールっぽさ」を判定する。迷惑メール送信者と確定しているアカウント

から送られてきていないか、ユーザーがブロックしている（あるいは特別に許可している）アドレスから送られてきてはいないか、といったことをチェックして、迷惑メールをひとつのフォルダにまとめる。ユーザーは、間違って入ってしまっているメールがないかはいつでも確認できるが、古いメッセージは基本的には順に削除されていく。

あいにく、迷惑メールフィルタが進化するたびに、迷惑メールの送信者は新たな手法を考え出すので、迷惑メールがなくなることはない。猛禽のように柵の強度を確かめては、柵を破るための新たな戦略を試して侵入を試みるのだ。迷惑メールの「親戚」であるウィルスの対策も含め、パソコンの「免疫システム」とも言えるこうしたフィルタは進化を続けざるを得ないのだろう。

エージェントはインフラに影響を与えるほど拡大中

この章の冒頭で自動運転車に触れた。乗っている間、ユーザーに何をしてもらうか（即座にハンドルを握れるようにずっと待機してもらうか、アニメの最新作でも見ていてもらうか）も検討の余地があるが、「誰も乗っていない時にどうするか」のほうが事によると面白いトピックかもしれない。

写真提供　メルセデス・ベンツ

自動運転車なら、自宅の駐車場や私道、付近の街路にスペースを見つけてユーザーの手を煩わさずに自力で駐車ができる。しかしエージェント型の車なら、もう一歩進んだことができそうだ。夜間のタクシー需要に応えて、オーナー

のためにお金を稼いでもよい。洗車や定期点検に出かけてもよい。遠距離操作ができるようにして、夜間配達用の車両として使ってもらったり、救急時の運搬車として利用してもらうのも悪くない。研究用に利用したいという都市計画の立案者や科学者もいるかもしれない。

こうした用途で使わないとしても、ユーザーが利用を開始する時刻までに戻って来られるなら自宅の駐車場に置いておく必要はない。使われていないスペースを見つけて駐車し、自宅の駐車場は他の目的に利用してもよい。交通量が多くなければ近くの路上で待機していてもよいだろう。

どのような方法を選ぶにせよ、エージェント型の車が自分で移動できるようになれば、都市計画にも影響を与えることになるだろう。ロサンゼルスでは土地全体の14%が駐車場に使われているというが、この分を別の用途に利用できるかもしれないのだ。

エージェントは場所やものに結びつく

場所やものにはエージェントが必要だ。太古の昔から、我々は場所とものの「メンテナンス」をずっとしてきた。包丁をまだ研がなくてもよいか。オフィスには十分な付箋があるか。車庫を換気して排気ガスを外に出す必要はないか。しかし、場所やものがエージェント型技術を備えていれば、こうした監視作業をもの自体に任せることができる。砥石は、いつ研げばよいかと包丁を見張る。消耗品の棚は、コピー用紙が残り少なくなったらメールを送る。車庫は、空気に問題がないかを監視する。もの自体が何らかの反応をするという考え方はIoT（Internet of Things）に関連した議論でよく話題になっているが、IoTに登場するものがエージェントになるというアイデアは面白いかもしれない。

この点についてGOBIライブラリー・ソリューションズが大学図書館に提供するサービスには見るべきものがある。想像したこともない人がほとんどだろうが、数万冊の蔵書を管理するのは大仕事だ。司書は自分にはまったくなじみのない難解な分野の動向にも目を配り、所蔵図書が世の中のニーズに合うよういつも本や雑誌を発注する必要がある。GOBIは図書購入に関しては需要に基づいた判断を行うよう作られており、図書館の貸し出しデータベースを監視する

エージェントとなっている。所蔵図書や図書館間の貸し出しの様子を監視して、定期的に分析を行い、希望の多い書籍を、予算担当の管理者の承諾を得た上で注文まで行う機能を持っている。司書と協力して利用者のニーズの変化に対応するようデータベースを維持してくれる、立派なエージェントだ。

　一般の人にも、同様の管理が必要な場所やものがある。水分が足りないことを自分から知らせる植物はどうだろうか。各地を巡回する展覧会の中にユーザーが興味を持ちそうなものがあったら知らせてくれるエージェントがあれば便利だろうか。

エージェントは人間の弱点を克服するのにも役立つ

　人間が驚異的な存在であることは多くの人が認めるところだろうが、どうしても克服できない欠点もいくつか持っている（たとえばウィキペディアで「認知バイアス」の項を見てほしい【注3】）。人間が何らかの作業を行う時には、イメージに引っ張られて判断が偏ってしまう「バイアス」が伴い、効率が低下したり、誤った判断をしたりすることがある。このような弱点は個人レベルで考える分には大した問題ではないかもしれないが、市町村、国、さらには地球レベルまで考えると、かなり深刻な問題となる場合もある。交通渋滞は多くの人が経験する例だろう。渋滞はストレスになる上、時間がもったいない。動いていれば気分がよいため、人々は近道を探そうとするのだが、結局はかえって時間がかかり、余計なガソリンを使い、さらなる交通渋滞の原因となる場合も少なくない。

　しかしエージェント型のアプリがカーナビの役目をすればこうした渋滞はだいぶ緩和できる。Wazeというコミュニティーベースの交通・ナビゲーションアプリがある。すばらしいエージェント型機能が多数備わっているが、ここでは渋滞回避機能に絞って紹介しよう。Wazeはドライバーの経路選択を常に評価しており、脇道などの代替経路が時間の節約になるかどうかを判断して、節約にならなければ今までどおりの道を進む。経路変更が時間短縮につながるような

3　https://ja.wikipedia.org/wiki/認知バイアス［バイアスのリストは英語版を参照 https://en.wikipedia.org/wiki/List_of_cognitive_biases］

ら、ドライバーにその経路を知らせて選んでもらう。推奨する経路変更は、(バイアスを伴う感性ではなく)リアルタイムで得られる実際のデータに基づいて行われ、その地域の車が全体としてもっとも効率的に流れるよう計画される。

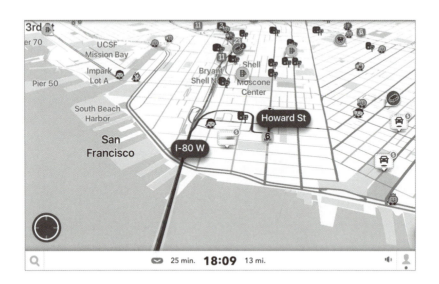

　アルゴリズムの力を借りて認知バイアスから解放されるだけでなく、さらに一歩先へ進むことができる。たとえばエージェント型の車が他の車と協調し、人々の移動を時間の面でも渋滞回避という面でも助けてくれる。エージェントなら、多数者が利用できる共有資源の乱獲によって資源の枯渇を招いてしまう「共有地の悲劇【注4】」を回避できるのではないだろうか。

エージェントを介して世界をプログラムする

　「パーベイシブ・コンピューティング」あるいは「ユビキタス・コンピューティング」といった言葉は1980年代から耳にしているが、我々は今、莫大な数のコン

4　https://ja.wikipedia.org/wiki/コモンズの悲劇

ピュータに囲まれて生きている。公共の空間を監視カメラの視界に入らずに歩くことは難しいし、宇宙飛行士が初めて月に行くために使った以上の演算能力があるスマートフォンを、世界中の人がポケットやバッグに入れて歩いている。こうした状況において、次にあげるエージェント型技術はまったく異質なもの同士をつないでしまう可能性を秘めている。

そのサービスとは「If This Then That（IFTTT、ifttt.com）」というものだ。If This Then Thatの名前が示すとおり、「トリガー（if）」の条件が満たされれば、「アクション（that）」が実行される。それだけだ。それぞれのルールは「レシピ」と呼ばれる小さなエージェントとして働き、関連するデータストリームを監視し続ける。条件が満たされてアクションを実行すると、再び前の状態に戻りデータストリームの監視を続ける。

SNS、車載コンピュータ、カレンダー、メール、スマートフォンのセンサーなどに接続することで、より広範囲のトリガーに対応できる。アクションについても、SNSへの投稿、ユーザーへのテキストメッセージやメールの送信、ホームオートメーション・システムの制御、データストリームからの重要データの抽出と文書作成といったことが可能になる（もちろんそれぞれに対してユーザーの許可が必要だ）。

「レシピ」の中にはごく基本的なものもある。あるものは雨の予報に目を光らせ、傘を持っていく必要があるかどうかを毎朝テキストメッセージで知らせる【注5】。ユーザーのプロフィール写真を各種SNSで常に同期させる【注6】。インターネットに接続した車を持っていれば、駐車するたびにその場所の地図をメールで送信してくれる（どこに駐めたかわからなくなる心配がない）【注7】。

ユーザーはレシピを公開することができ、レシピの膨大なコレクションが存在する（仕事、家庭、音楽、健康のほか「宇宙」というジャンルさえある）。莫大な数の小さなエージェントによって、世界中のもののつながりは益々密になってきている。最終的には、大手ブランドがこうした機能のいくつかを自社の製品やサービスの一部として提供することになると予想されるが、ユーザーが色々試すことができる独立したサービスがあるのはすばらしいことだ。

エージェントは人類の未来を大きく左右する（かもしれない）

ちょっと大げさ過ぎる見出しかもしれない。だが聞いてほしい。何億年か後（一説によると6億年後）、太陽の膨張によって地球物理学的な循環が妨げられ、ゆくゆくはプレートの運動が止まり、火山活動が停止し、C3型光合成が止まることをご存知だろうか。6億年は非常に長い時間に思えるだろうが、地球上に生命が誕生したのは40億年前だと推定されている。我々にあと6億年しか残されていないとすると、生命の歴史のうち半分以上が過ぎてしまったことになる。（そんな先まで人類が生き延びているとして）「近いうちに」この惑星から別の惑星へ移住しなければならないのだ。結局のところ、宇宙旅行は人類が生き残る唯一の手段であり、宇宙探査はその不可欠な要素なのだ。

5　https://ifttt.com/recipes/634-add-a-calendar-event-for-bringing-an-umbrellain-the-morning-when-the-forecast-calls-for-rain

6　https://ifttt.com/recipes/8981-keep-your-profile-pictures-in-sync

7　https://ifttt.com/recipes/346212-receive-an-email-with-a-map-to-where-youjust-parked

火星探査機「キュリオシティー」のイラスト　写真提供　NASA

　幸い宇宙探査はすでに進行中で、ロボットによってスマートに行われている。人間のような脆弱さも生物としての要件もない。しかし宇宙探査は通信の問題にぶつかっている。光の速度で通信しても限界がある。火星にメッセージを送るだけでも4〜24分もかかり（地球と火星の軌道上の位置によって変わる）、即座に返事をしても往復にかかる時間は8〜48分になる。まあ、これは悪くない数値だと言えなくもない。これだけの時間の間にNASAの火星探査機が大きな問題を起こすことはまずないだろう。

　しかし移動距離が長くなれなるほど通信にかかる時間も長くなる。木星なら1〜2時間、冥王星ではほぼ丸1日だ。遠くへ行けば行くほど、探査ロボットとの通信にかかる時間も長くなり、ロボットに単独で物事を処理してもらわなければならないことも多くなる。暗黒の宇宙を飛んだり、離れた惑星の冷たい石の上をさまよったりしている時に、急を要する問題に遭遇したらロボットはどうするべきか。我々の代わりを務めるこうしたロボットには、必要なセンサーや駆動装置を搭載し、さまざまな規則や例外を学ばせ、我々と情報をやり取りし、自分で探査を続けられるよう準備しておかなければならない。幸い、これは宇宙探査計画において見落とされてきた問題ではなく、既にNASAは「リモートエージェント」【注8】というAIを利用したシステムの研究開発を推し進めている。

この章のまとめ

そう、世界が変わるのだ

　エージェントには「もの」を探してもらうのではなく、ユーザー自身が何をしたいのか、何が知りたいのかを伝えて、その目的のために最高の情報やものを集めてもらおう。退屈な仕事はエージェントにやってもらい、本当に常ならざる状況に遭遇した時にだけユーザーが関わる。エージェントには「万事コントロールされた状態」への移行を手伝ってもらおう。エージェントには生涯にわたる目的の達成を支援してもらい、しかも必要な努力を最小限に抑えてもらおう。エージェントにはマクロなレベルでさまざまな効率化をしてもらい、ユーザーはそれで空いた分の時間を他のことに振り向けられる。エージェントをうまくプログラムしておけば、種としての人類の行動をより理性的かつ合理的にでき、我々を悩ませてきたバイアスから解放される。エージェントは質の異なるデジタルサービスを結び付け、我々が地球上で暮らす限られた時間をより有意義にするために管理してくれる。さらには、その時がきたら、この星からの「脱出」もエージェントに手伝ってもらうのだ。

　この章のタイトルは「大げさだ」と思っただろう。

　エージェント型技術の例はもちろんまだ色々あるはずだが、この章で取り上げたものは以降の章で展開される議論で大いに参考になるはずだ。そして、こうした例を通して、エージェント型技術の潜在的な力と将来性がはっきり見えてくれば、世界を変えるものであることがはっきりと理解できるはずだ。たとえ『2001年宇宙の旅』のHALのような汎用AIが実現されなくても、エージェントが世界を変えるのである。

8　https://ti.arc.nasa.gov/m/pub-archive/77h/0077%20(Dorais).pdf

第4章
エージェント研究の歴史から
学ぶべき6つのこと

Chapter 4
Six Takeaways from the History of
Agentive Thinking

神話に劣らぬ古さ	92
コンピュータは主導権を取れる	94
なかなか思いどおりにならないオートメーション	95
肝心なのはフィードバック	99
エージェントは水物	100
エージェント型と支援型の境界は 今後あいまいに	103
この章のまとめ —— エージェントの先達に学ぶ	104

エージェントという概念は決して新しいものではなく、昔からさまざまな形で存在してきた。ただ漫然と歴史を振り返るだけでは、どれがエージェント型のアイデアや装置なのかはわかりにくい。比較的最近の流れに注目すると、1950年代から60年代にかけてはオートメーションの研究開発が盛んに進められ、1960年代から80年代にかけてはサイバネティックスという学問領域を提唱して制御システムを研究した人々がいた。1990年代には学界がエージェントに興味を示した（最近ではエージェント同士の協働やCSCW［computer-supported cooperative work：コンピュータ支援による共同作業］に関する論文のほうが多い）。2000年代に入ると、IBMなどの企業が「認知コンピューティング」の考えを製品に取り入れたり、インテルが「予防的コンピューティング」に関心を示したりといった動きが見られる。

　エージェント型技術に関係して製品管理やインタラクションデザインが話題になり出したのはようやく最近のことだが、先達のすばらしい思想やアイデアを踏まえてのことだと認めるべきだろう。筆者は本書の執筆にあたって、この分野の書籍や論文、講演・講義録に目を通したが、その過程で見つけた重要な事柄をこの章で概説する。ただし筆者は単なるオタクにすぎず、この世に存在する資料を網羅したわけではない。興味をそそられた著者や書籍、テーマがあれば、さらに詳しく調べてみるとよいだろう。

　それでは大昔からのエージェントの歴史を振り返るために、ギリシア神話の時代にさかのぼろう。英国の劇作家クリストファー・マーロウの戯曲『フォースタス博士』に「とある女性の美貌が戦場へ1千隻の船を向かわせた」と描写され、神々自身が人間の軍勢と入り乱れて戦うこともあった世界だ。

　…さてテティスは、生まれつき両脚の曲がった異形の鍛冶神ヘーパイストスの屋敷を訪ねた。ヘーパイストスが自ら細工した青銅に星を散りばめて造った、天界でもとりわけ美しい不朽の館だ。テティスが入っていくと、ヘーパイストスは汗を垂らしてふいごを吹いていた。20基の鼎（三脚の大釜）を造っている最中なのだ。鼎は、昔段はこの屋敷の壁ぎわに並べておき、神々の集いがあると、その席へ自ら向かい、用が済めばまた自ら戻ってくるよう、下に黄金の車輪が付けてある。目にするだけでも驚嘆すべき代物だ。すでに完成に近く、あとは精巧な細工物の把手を取り付けるば

かりだった。そのための鋲を、今ヘーパイストスは鍛えているのだ。

[テティスの到着を妻アプロディーテーから告げられ、ヘーパイストスは言う]
「…わが救いの神テティス様がおいでなら、しかるべきご恩返しをせねば
ならぬ。わしはこれからふいごや工具を片付けるゆえ、そなたは精一杯
おもてなしの支度をしてさしあげるように」

そう言うなり、小山のような巨体を支える、か細い脚をせかせか動かして
ぎこちなく鉄床を離れると、ふいごを炉から引き出し、工具を銀の箱にし
まった。それから海綿を取って、顔や手、毛深い胸、たくましい首を洗い
清め、衣を着け、太い杖をつかんで、足を引きずり引きずり戸口へ向かっ
た。ちなみにヘーパイストスには黄金製の小間使いもいた。感覚も理性
も持ち合わせた本物の若い娘そっくりで、声も出せれば力もあり、神にも
負けない学びの力さえ備えている。そんな小間使いたちが創り主の命令
に従って忙しく立ち働く中、ヘーパイストスはテティスの所へたどり着き、相
手を美しい椅子に座らせてその手を取り…

ホメーロス作『イーリアス』第18歌［サミュエル・バトラーの英語訳をもとに翻訳］

　この一節から読み取れるのが、「鍛冶神ヘーパイストスがその工房で創り出
したと伝えられるさまざまな武器や道具のうち、紀元前8世紀末の吟遊詩人ホ
メーロスが想像力を駆使して描き出したのが、エージェント型のものであった」
という点だ。鼎は古代ギリシアでは神殿など儀式の場を象徴する神聖な祭具
だった。そんな鼎をヘーパイストスが20基も造って屋敷に備えるということ自
体が、読者に強い印象を与えようとする記述だ。しかもその鼎が、聖所を示す
役割を果たすべく、そこへ「自ら」向かうという。まさにオリュンポスの自動運転
車だ。自走型の装飾と言ってもよいかもしれない。「いつでもどこでも神飾り」
だ。また、ヘーパイストスの黄金製の小間使いがロボット助手として働いている
点も注目に値する。高度なAIを搭載し、天界のウィキペディアを記憶したロボッ
ト助手。ヘーパイストスの世界では、このように特化型AI（ANI、「弱いAI」）と
汎用AI（AGI、「強いAI」）が力を合わせて働いていたわけだ。

なぜホメーロスなど引用したのかというと、「人間の命令どおりに作業をこなしてくれる機械仕掛けのエージェント」という考えに、人類が大昔から魅了されてきた事実を示したかったからだ。実はこんな例を思いついたのは、学部時代の専攻が古典学だったせいもあるだろう。

神話に劣らぬ古さ

　「人間ではないが、人間に従順なエージェント」を想像した古代人はホメーロスだけではなかった。ユダヤ教の伝承には泥の人形ゴーレムが出てくる。造り主の命令には従うが、知覚はない。額には「死」を意味するヘブライ語「מת」が刻まれ、ゴーレムを起動するにはその刻まれた文字列にアレフ（א）を足して「אמת」（「真実」を意味するヘブライ語）に変える。逆にアレフを削除して「死」に戻してやれば、停止状態になる。まるで言葉遊びのように面白く、わかりやすいユーザーインタフェースではないか。また「小さな紙に命令を書いてゴーレムの口に入れてやると、どんな命令にでも従う」との言い伝えもあり、これなどはプログラミングの「走り」とも言えそうだ。命令されたことを、やめろと言われるまで休むことなくやり続けるのだから、ゴーレムはエージェントだ。

　一方、古代アラブの世界では「ジン」（あるいは「ジーニー」）という魔人の存在が信じられていた。人間の望みを叶えてくれるジンもいて、中でも有名なのが『千夜一夜物語』のアラジンの話だ。アラジンが出会うジンは、初期状態では自分が閉じ込められている監獄（指輪やランプ）をモニターし、「誰かがそれをこする」という呼び出し行為がないかチェックしている、という点で、まさしくエージェントだと言える。呼び出されると、ご主人様の願いに耳を傾け（願いを唱える時には、まず「私の願いは…」と言わなければならないなど、厳密な形式が決まっているケースが多い）、そしてもちろん、その願いを叶える場面となる。ちなみに、英国の作家W・ジェイコブズの世界的に有名な短編恐怖小説『猿の手』の題材になった「3つの願い事」は、おとぎ話によくあるパターンだが、こうした願い事を叶える力を持つエージェントや魔法の道具は、往々にして融通がきかなかったり意地悪であったりする。願いを唱えるご主人様の言葉尻をとらえてわざと違う意味に取り、結局は相手を欺くのだ。こういった物語は我々にとっては「指示

は正確に出すべし」という警告となろう。これは何をプログラミングする際にも注意しなければならない問題だが、とくにエージェントの場合、ユーザーが管理しないところで命令を実行するのだから、なおのこと重要だ。

　時代は下り18世紀末のヨーロッパの事例も見てみよう。ゲーテの物語詩『魔法使いの弟子』だ（ネズミが弟子に扮するディズニーのアニメのほうが、読者にとっては馴染み深いかもしれないが）。弟子は師匠に命じられた雑用のひとつ——桶での水汲み——を箒にやらせようと魔法をかけるが、魔法を解く呪文が思い出せず、家じゅうがたちまち水浸しになってしまう。この呪文がゴーレムのアレフのスイッチのように単純なものなら魔法もすぐに解けただろうが、そうはいかず、困り果てた弟子は斧で箒を真っ二つに割ってしまう。だが呪文は言葉の組み合わせであり、あいまいさが伴う——断ち割られた箒は同じ命令を実行する2本の箒となり、水を汲む速さも2倍になってしまう。しまいに、救いの神、ならぬ師匠が帰ってきて魔法を解き、箒に「これからはわし以外の者の命令に従ってはならぬ」と命じる。

　さらに時代を下り、近・現代のSF作品で描かれてきたロボットのイメージには、エージェントのコンセプトが色濃く反映されている。その初期の例がフリッツ・ラング監督のドイツのサイレント映画『メトロポリス』（1926年製作）に登場する、人造人間の「マリア」だ。この「マリア」は、奇怪な科学者ロトワングが、未来都市メトロポリスの地下に閉じ込められ抑圧されている労働者階級の娘マリアに似せて作った。製作を依頼した支配的権力者フレーダーセンの意図は、ストライキを画策する労働者たちの団結を崩すべく「マリア」を地下社会へ送り込むというものだったが、造り主のロトワングは密かに「メトロポリスそのものの壊滅」という使命を「マリア」に与えてあった。これを受けて「マリア」は労働者階級の男たちを煽り、乱痴気騒ぎと激しい階級闘争、そして都市そのものの壊滅を引き起こし、挙句の果てに火あぶりの刑にされてしまうが、最終シーンでは2つの階級が手を組む未来が暗示される。

　ところで「ロボット」という造語の生みの親は、チェコの作家カレル・チャペックだ。「強制労働」を意味するチェコ語の単語robotaの語幹を取り、戯曲『R.U.R.』（1921年）の中で使った。ちなみにR.U.R.はRossumovi univerzální roboti（ロッサム万能ロボット会社）の略称だ。R.U.R.が開発、販売している人造人間は、知覚はあるものの倫理に欠ける奴隷労働階級として、享楽的な暮らし

を送る人間に仕えているが、最終的には反乱を起こして人類を滅ぼしてしまう（少なくともこの物語では、そんな悲惨な結末をもたらす存在としてロボットが描かれている）。

　物語は我々人間が物事を考えるために使う手法のひとつだ。原因から結果に至る過程をリアリティ豊かに描き出す、所定の要件とその結果を仔細に検討する、緊急事態を知らせる覚えやすい警告や、重要事項を思い出させるリマインダーを考案する——こうした場面で物語を活用するのだ。だが神話や民間伝承が問題解決の手段として果たせる役割はここまでだ。

コンピュータは主導権を取れる

　エージェントの問題は、現代のコンピュータの起源と切っても切れない関係にある。まず、エイダ・ラブレス公爵夫人が、数学者チャールズ・バベッジの考案した初期の汎用計算機「解析機関」に関する論文（1842年発表）の中で次のように述べて、エージェントのコンセプトを否定している——「解析機関が自分から新たに何かを始めようとすることは一切ない。我々人間が命令のしかたを知っているものであれば何でもやれるだけだ」（強調は原著者）。当時これを読んで多くの人が、この魔人がランプから抜け出てくることはないのだと胸を撫で下ろしたに違いない。ただ、ほぼ100年後の1949年に、英国の著名な数学者であり物理学者であったダグラス・ハートリーがラブレス夫人の説を以下のように補足している。

　　（ラブレス夫人のこの説は）「自分で考える」電子機器を作ることが不可能だと言っているわけではない。また、生物学で言うところの「条件反射」を「学習」の基礎とするような装置を作ることが不可能だと言っているわけでもない。それが原理的に可能か否かは、近年の技術の発達を見るにつけ、刺激的かつ胸躍る問題ではあるか。ただし、当時構築あるいは計画されていた機械がこの性質を持っていたとは思えない。

ハートリーの言う「条件反射」は、エージェント型技術における「トリガー」とよく似ているように思える。このハートリーの影響を受けて「Computing Machinery and Intelligence［計算する機械と知性］」と題する画期的な論文を書いたのが「人工知能の父」とも呼ばれる英国の天才数学者アラン・チューリングだ（「画期的」という表現でもまだ弱い。これはそれほど影響力の大きな論文だ）。チューリングはこの論文の中で状態ベースの機械の基本的な構成要素を提示したが、言うまでもなくこれこそが、この本や今後読者が読むであろうさまざまな資料の基礎であり、本書でテーマとしている技術の土台となっている。筆者が上で「画期的な」論文と書いたのはこのためだ。

うれしいことに、「コンピュータが主導権を取れるかどうか」という疑問は過去のものとなった。たとえ我々人間がお膳立てしてやる「主導権」しか取れないのであっても、それで十分だ。コンピュータは主導権を取れる。おまけに、そう断言する際の言葉が帯びる意味合いは、洗練の度合いを増している。こうした現況を踏まえて、エージェント型技術の開発は進められている。

なかなか思いどおりにならないオートメーション

チューリングが「計算する機械と知性」を発表してからわずか1年後の1951年、効率に関する研究をしていた米国の心理学者ポール・フィッツが「Human Engineering for an Effective Air-Navigation and Traffic-Control System（効率的な航空・交通管制システムのための人間工学）」を発表する。これは「HABA-MABA」リストによって広く知られることになった論文で、このリストは「人間のほうが上手にできること（Humans Are Better At: HABA）」と「機械のほうが上手にできること（Machines Are Better At: MABA）」を整理分類したものだ。

人間のほうが上手にできること　　　機械のほうが上手にできること

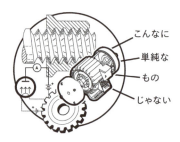

人間のほうが上手にできること

- 所定の状況や問題に関連するものを、何年分もの記憶の中からでもすばやく探し出す
- ごく微弱な視覚信号や聴覚信号を感知する
- 光や音によって緊急事態を表すパターンを知覚する
- 問題の解決策を模索する際に、即座に効率的な方法を考え出したり柔軟に手順を組み替えたりする
- 帰納的推論が得意である——たとえば「人は誰でも死ぬ」と「ソクラテスは人だ」の2つの文を読めば「ソクラテスは死ぬ」と推測できる
- 物事の価値や善悪を判断する

機械のほうが上手にできること

- 短期記憶は完璧。しかも完全な消去が可能なため、認知バイアス（「初頭効果」「親近効果」「双曲割引」など）を回避できる
- 作業を進めるのも、プログラムされた刺激に反応するのも、非常に速い
- 強大な力を高速、正確に制御できる
- 同じことを繰り返す作業を同じペース、同じ質で続けることができ、退屈することもない
- 演繹的推論に長けている（シャーロック・ホームズ型の推論。偽の仮説を排除し真の仮説をランク付けすることによって、最終的な結論を導く）

● 複数の複雑な作業を同時に管理できる

　このようなフィッツの「HABA-MABA」リストは一時期、学界・業界にも、初期の自動化システムのデザインにも非常に強い影響を与えた。機械のほうがうまくこなせる作業があるならそれは機械に任せて、それ以外を人間が受け持てばよい、というわけだ。こうした役割分担の枠組みの裏側には明示はされていないものの、「コンピュータも単に別種の労働者である」という考えがあった。しかし事はそのようには運ばなかった。

　1983年、ロンドン大学の心理学者リザン・ベインブリッジが「自動化の皮肉」と題する論文を発表し、上述の「コンピュータも単に別種の労働者である」を批判した。この論文は、飛行機の自動操縦装置を調査対象とし、その結果を自動化全般に敷衍（ふえん）する形で論じているもので、自動化へ向けての過去30年に及ぶ取り組みで生じた現象を紹介している。それによると「日常の業務で、システムの一部を担う形で働いていた人をその担当から外すと、その人がシステムの障害を予防、解決、修復する能力が低下してしまう」というのだ。この現象がデザインに対して持つ意味はパートIIで詳しく論じるが、ひとまずここでは、こうした事実があることだけを指摘しておく。

　そんなわけで、フィッツのHABA-MABAリストは一見合理的に思えるものの、「コンピュータやロボットとの協働」という問題の性質に関しては的を射たものではない、ということになった。「紙幣にするべきなのは円、ドル、元・・・貨幣にするべきなのはリラ、ウォン、ポンド・・・」といった通貨単位の珍妙なリストを作れば経済が理解できる、と言うようなピントのずれ方なのだ。

　2002年にはIEEEが「A Rose by Any Other Name…Would Probably Be Given An Acronym.［バラは他のどんな名前で呼んでも…頭字語（アクロニム）が付けられるだろう］」という、『ロミオとジュリエット』の有名なセリフをもじった、なんとも詩的なタイトルを付けた記事の中で、ホフマン–ウッズの「反フィッツリスト」を公表する。これは次のような、また別の枠組みを提示することによって、有害なフィッツリストにご退場願おうとする試みだった。

機械には次のような制約がある。

- 文脈（コンテクスト）に対する感受性に乏しく、概念体系（オントロジー）に縛られる
- 変化に対する感受性に乏しく、例外や変則の認識がオントロジーに縛られる
- 変化への適応力に乏しく、オントロジーに縛られる
- 世界モデル自体が世界の中にあるという事実を「自覚して」いない

したがって機械は次の事柄に関しては人間に頼らなければならない。

- コンテクストから外れないようにする
- 世界に本来備わっている変動性と変化に対して、自身の安定性を保つ
- オントロジーを修正する
- 世界モデルが現実世界から逸脱しないようにする

人間は次の点で制約がない。

- コンテクストに対する感受性が豊かで、知識・注意主導で行動する
- 変化に対する感受性が豊かで、例外や変則を認識し、それに従って行動する
- 変化への適応力があり、目的主導で行動する
- 世界モデル自体が世界の中にあるという事実を自覚している

したがって人間は次のような目的で機械を作る。

- 現在進行中の出来事に関する情報を取得し続けるための助けとして
- 人間は刺激を間接的にしか受け取れないため、知覚内容を修正、修復するための助けとして
- 状況が変化した際にプラスの変化をもたらすため
- 人間の世界モデルを計算により例示するため

　この世の中にはよくあるケースだが、この2番目のリストのほうが複雑で伝えにくく、真実に近い。航空管制システムのデザインを例に取って考えてみると、この管制システムに航空機の同定と追跡を全面的に任せてしまって、問題が起きた時だけ人間に通知させる、などということは現時点では無理なのだが、こ

れこそまさにHABA-MABAリストがやれと言っていることにほかならない。こ
れに対して、我々が本当に作るべきなのは、上空の状況をモニターし、管制官
の注意力を最大限に生かし、ほぼ30分という注意・警戒能力の限界の克服を
助け、問題発生時には妥当な緊急時対応計画をすばやく選べるシステムだ。

エージェントのデザインに携わった経験がないのであれば、理解しておくべき
ことがある。それは「コンピュータ的なタスクをコンピュータに割り当ててしまっ
たら、それでもう準備完了」と考えるのは新人の犯しがちな誤りだ、という点だ。

肝心なのはフィードバック

1940年代から50年代にかけて、システム科学者のグループがサイバネティッ
クスという学問領域を提唱した。米国の数学者ノーバート・ウィーナーが1948
年に出版した著書の副題をそのまま引用すれば「動物と機械における制御と通
信」に関する学問。もう少し具体的に言うと、「フィードバックループにより、目
的の達成に向けて安定的に動作するシステム」の研究だ。本書の冒頭で例示
したサーモスタットはよく具体例として挙げられたり研究対象にされたりしてき
たが、ウィーナーらは他にもさまざまなシステムを研究の対象にした。たとえば
人間の体内の化学物質を制御している生化学システム、動物の長期的な適応
行動、さらには精神障害者の行動といったものだ。やがて、意識そのものなど、
より基本的な事柄も研究するようになった。

英国人の精神科医でありサイバネティックス研究者であったウィリアム・ロ
ス・アシュビーに至っては、「ホメオスタット」という装置まで発明してしまった
（自著『Design for a Brain［脳のデザイン］』でその構造や成果を紹介している）。ホメ
オスタットは上部に回転する磁石がついた4つのモジュールから成り、電位差
によって干渉し、状態を変えてしまっても、最終的には必ず安定状態に戻る電
気的な装置で、「フィードバック」と「超安定性」という基本概念を体現するもの
だった。

サイバネティックスは学際的に研究を行う抽象性の高い学問領域だが、文献
を読むと一種、錬金術的な印象が残る。定式化された基本概念のひとつは「自
身を安定させ得るシステムは補正にフィードバックを使う」というものだ。たと

えば水平線の一点に向かってボートを進めようとしているところを想像してほしい。ボートの下の水流や周囲の風を考慮すると、ボートを目標にまっすぐ向けてはだめで、ボートの進路を外させる水や空気の力を打ち消すよう、また、そうした力の変化に応じて調整を続けながら、操舵しなければならない。これにはフィードバックと適応が必要になり、こうしたことについて研究するのがサイバネティックスだ。

エージェント型システムの開発者はもちろんフィードバックを山ほど使って、ユーザーの目的を達成できるシステム作りに努めるはずだが、上記のようなフィードバックループは、ユーザーが最初に自身の目的や好みに従って調整を行い、その後はそうした目的や使用環境の変化に合わせて微調整をかける上で不可欠なものの一部となるだろう。修正の必要が皆無で、常に妥当な働きをすると信頼できるほど完璧な技術を実装できれば、そんなにすばらしいことはない。しかしそんな奇跡が実現する日までは、システムの適応と学習を人間が支援し続けなければならない。次の項で解説するが、ユーザーというものはエージェントの働きをモニターして異常を検知し訂正したがるものだ。しかしこれが「言うは易く行うは難し」なのだ。

エージェントは水物

米国の研究者ジェフリー・ブラッドショーらが「The Seven Deadly Myths of Autonomous Systems［自律システムにまつわる7つの致命的な神話］」と題して2013年に発表した記事がある。「信じたくなるが実は間違っている考え」を扱った記事だ。たとえば「エージェントはウィジェット —— 既存のワークフローに簡単に追加できるちょっとしたツール —— だ」という考え方。ついついそう思いたくなるのだが、前にも述べたとおり、これは事実ではない。エージェントを加えると、それだけでタスクの性質が変わってしまうのだ。

また、「システム内のエージェントはスイッチのようなもので、必要に応じてオン・オフできる」という考え方も正しくない。エージェント型システムの担当者は、何らかの問題が生じて突然そのタスクを任されても、慣れていないし物理的にも心理的にも準備が整っていない（これに関しては第9章で詳しく扱う）。

一番タチが悪いのは「自律には段階があって、順を追って進化していく」という考え方だろう。たとえばラジャ・パラスラマンらが2000年に発表した論文「A Model for Types and Levels of Human Interaction with Automation［人間とオートメーションのインタラクションのタイプとレベルのモデル］」で提示したものがその好例で、それを次に示す。リストの順番は自律の順番を反映している。

- ● **全手動**
- ● ユーザーに全選択肢を提示する
- ● 選択肢を限定する
- ● 最良の選択肢を提案する
- ● アクションに対しユーザーの承認を求める
- ● 選択したアクションを拒否する時間をユーザーに与える
- ● 実行しているアクションに関する情報をユーザーに通知し続ける
- ● 実行しているアクションに関するユーザーの質問に答える
- ● 実行しているアクションに関する情報をユーザーに通知すべき時を決定する
- ● **全自動**

　このリストをここで敢えて紹介したのは、ソフトウェアがユーザーを支援するための方法の例としてなら十分使えるからだ。その意味では、（エージェント型ではなく支援型のソフトウェアのほうが多いだろうが）一考の価値がある。各項目を自分のプロジェクトに活かせないか、検討してみるとよいだろう。だが、リスト全体を指してタチが悪いと筆者が断じたわけは、もっともらしく見えるにも関わらず、多くの問題を含んでいるからだ。ただしこのリストを自分で分析批評することはせず、代わりにR・マーフィーらが2012年に米国防総省のために作成した報告書「The Role of Autonomy in DoD Systems［国防総省のシステムにおける自律システムの役割］」で示した反対意見を以下に要約する。このリストに代表される考え方を米国の防衛システムで応用し続けることに反対する意見である［原文は以下で読むことができる https://fas.org/irp/agency/dod/dsb/autonomy.pdf］。

　マーフィーらはこの種のリストが完全からは程遠いものだと指摘し、次のような理由をあげている。各レベルの間に微妙な下位レベルが存在する上に、「意

思決定」と「アクションの選択」の範囲の外にも可能な状態がある。また、自給自足能力の低いエージェントでも自律能力が高いケースがある点を認めていない。特定のエージェントがこなす作業はどのようなタイプのものであれすべて同じレベルで設定されるかのように考えているが、それは違う。また、ひとつのシステムの中でエージェントが関与し得る複数の局面がすべて同じレベルで設定されるかのように考えているが、それも違う。同じエージェントが複数の異なるタスクをこなす時や、複数の異なる文脈でタスクをこなす時にはアプローチを変えなければならない場合もあるが、それを考慮に入れていない。最後に、国防総省が（2012年時点での）エージェントに関連して直面している問題の大半はユーザー中心のチームワークをめぐるものであり、その点で、この種のリストによるモデルは何の役にも立っていない。

　「エージェントにレベルがある」などという考えは捨てたほうが良いモデルができる。個人またはチームのワークフロー、目的、タスクを検討し、相互の監視可能性、予測可能性、指揮可能性を向上させるエージェント型（あるいは支援型）ツールを構築するのがよい。エージェントは「水物」と見なしたほうがよい。こうした考え方に興味を持った人は、マーフィーらの論文の1年後に公表された「Seven Cardinal Virtues of Human-Machine Teamwork: Examples from the DARPA Robotic Challenge［人間と機械のチームワークに備わった7つの基本的長所――DARPAロボティクスチャレンジの事例］」というマシュー・ジョンソンらの論文を参照してほしい。

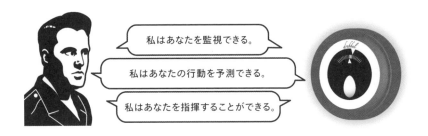

エージェント型と支援型の境界は今後あいまいに

　ヘルシンキ情報技術研究所のアンティ・サロヴァーラとアンティ・オウラスビタが、2004年に発表した論文「Six Modes of Proactive Resource Management: A User-Centric Typology for Proactive Behaviors［予防的資源管理の6つのモード——ユーザー目線で分類した予防的行動］」の中で6つのユースケースを提案しているが、これは特化型AIアプリのデザインを検討する際のブレーンストーミングで使えそうだ。

- **準備**——人間が近づいてきたらそれを検知し、その人の役に立てるよう自ら準備する能力。たとえばプレゼンテーションをする人が到着する前に自ら予熱を始めるプロジェクタ
- **最適化**——実現性を考慮して、ユーザーの目的に最適なものを選択する能力。たとえばスマートフォンで状況に応じて電話回線、Wi-Fi、ブルートゥースを使い分ける機能
- **助言**——進行中のタスクを監視し、より良い選択肢や代替案を提示する能力。たとえばWazeやGoogleマップで、高速道路の事故現場の手前にいるドライバーに代替ルートを提案する機能
- **操作**——あることがユーザーの望んでいることだと確信できる時に、エージェントが自分の裁量でやれる作業。たとえばGmailの、明確な予定日時の記されたメールを受け取った時、それに即した新しい予定をカレンダーに追加する機能
- **抑止**——「○○は受け入れ、それ以外は抑制するべき」と判断するのに十分な文脈の理解。たとえばプレゼンテーション・ソフトウェアで、聴衆の気を散らすような通知の表示を抑制する機能
- **終了**——使用中止が判明した場合に終了、停止させる能力。たとえばスマートフォンやパソコンが電気を節約するためのスリープ機能

　このようなアイデアは、エージェント型技術の応用について検討する際に有用だ。ただしこのリストで支援型とエージェント型のモードが混在している点は意識しておく必要がある。筆者の製品デザインやワークショップでの経験から

見ても明らかだが、純粋にエージェント型あるいは純粋に支援型と言い切れるのは、ごく単純なエージェントに限られる。より高度な製品は、アルゴリズムの信頼性、文脈、ユーザーのニーズなどに従って、2つのモードの間を行き来するものだ。

（この章のまとめ）

エージェントの先達に学ぶ

筆者の果たすべき役目のひとつが「エージェントならびにエージェント型技術をめぐって学界の先達が重ねてきた研究成果を、実務に携わる人々に紹介すること」だ。十分な予備知識を仕入れておけば、先人の成果を基盤にして自分なりの肉付けができる。本章では主な知見をあげたが、網羅したとはとても言えない。自動化やエージェントに関して素晴らしい洞察が得られる文献はこの他にも多数存在する。もっとも、第5章以降でもさらに関連する文献を引用しているので参考にしてほしい。

パート II
実践

Part II
Doing

パートIではエージェント型技術に対する筆者の考えの概要を未来の予想を交えて説明した。まずはサーモスタットに着目して、さまざまな時代の例をあげながら進化の過程をたどった。次にサーモスタット以外のエージェント型技術の数々を紹介し、エージェント的な発想がなぜ興味深いのかを考察した。そして最後に過去に同様の考え方をしていた人々を取り上げ、この考え方の歴史を振り返った。

さて、パートIIでは、読者がこうした筆者の持論を理解し、エージェント型テクノロジーという「乗り物」での「最先端AIの旅」をもうしばらく続ける気になったと仮定して、ギアを一段上げることにしよう。少し乗り心地が悪いと感じる場面もあるかもしれないが、「もののデザイン」から「人に寄り添うデザイン」への転換なので、ご了解いただきたい。

「エージェント型の技術をデザインする」とはどういうことなのか、実用面を考慮した視点から紹介するのがパートIIの役割だ。具体的には、「そうしたデザインに適する（新しい）ツールはどのようなものか？」「ユースケース（利用シーン）やシナリオは？」「エージェントはどう評価すればよいのか？」といった事柄を見ていく。エージェント型技術は現時点ではようやく市場で勢いを増しつつあり、そのデザイン手法も確立されつつある段階にすぎないが、この技術に対する取り組みを始めたり、種々の機器への組み込みやその際のデザインなどを検討し始めた人にとっては、出発点として有益なのではないかと思う。

第5章
インタラクションの
枠組みの修正

Chapter 5
A Modified Frame for Interaction

see-think-doループの見直し —————————— 108

エージェントのセットアップ —————————— 112

エージェントが行っていることの把握 —————————— 112

エージェントにタスクを実行させる、
あるいはエージェントの作業を支援する —————————— 113

エージェントの中断 —————————— 113

ルールと例外、トリガーと挙動 —————————— 113

検討すべき最先端技術 —————————— 114

この章のまとめ——新たなアプローチ —————————— 120

ミスター・マグレガーによるエージェント型家庭菜園作り —————————— 121

次の第6章からはエージェント型テクノロジーならではのユースケースを参照しながら解説を進めていく。エージェント型の視点で考えていく時に、種々のインタラクションモデルがどう変わるのかを比較しながら検討していけばユースケースも理解しやすい。まずは「see-think-doのループ」(「見る→考える→行う」あるいは「現状把握→分析→実行」のループ)を再検討しよう。

see-think-doループの見直し

　コンピュータが関連する大半の分野で下のような図が使われている。これをロンドン大学の心理学者リザン・ベインブリッジはアカデミックな視点から「Monitor→Diagnose→Operate（監視→診断→作動）」ループと呼んでいるが、プログラミング関連の資料ではコンピュータ目線で「Input→Processing→Output（入力→処理→出力）」ループと呼ばれている。著者自身は単純な英語表現「see-think-doループ」を好んで使っている。認知のメカニズムを示す図としては単純化しすぎだと考えられているが、ユーザーがシステムとの間で行うインタラクションを図示する上では役に立つ。かなり枝葉を落とした抽象的な図という印象は否めないだろうが、単純な図ならではの表現力があるのだ。ではユーザーが「タスクを実行する人」である、ごく一般的なモデルを例に取って、このループを考えていこう。

たとえばこんなケース。Ａさんが部屋に入ると、中は暗い。そう見て取った（see：現状把握）Ａさんは「もっと明るければ鍵が見つけやすい」と考え（think：分析）、電灯のスイッチを「オン」にする（do：実行）。タスクとしてはごく基本的なものだし、シナリオもいたって単純だ（ただし、一般的にはひとつのシナリオは多数のsee-think-doループが連なってできている）。

また、厳密に言うと「see-think-doループ」のsee（見る）はsense（知覚する）またはperceive（認知する）としたほうが正しい。ユーザーがアラーム音を聞いたり、触覚フィードバックの振動を感じ取ったりする場合もあるからだ。とはいえ、senseやperceiveよりもseeのほうが的確であるケースは多いし、簡潔さという観点からもseeのほうがしっくりくるので、本書ではseeを使うことにする。

このループを使えば、さまざまなレベルのインタラクションを記述できる。たとえば次のようなマイクロインタラクションを記述するのにも適している。

「州」のフィールドに「選択してください」という指示が表示され、Ｂさんはそれを読む→「アリゾナを選ぶ必要がある」と考える→ドロップダウンリストをクリックして州の略称の一覧を開き…

こうしたソフトウェアも含めて、特定のものを人が使用する状況を前述のループで表現しようとすると、使い手の行為に対するそのもの自体（反応する側）の反応は「ミラーイメージ」になる。レスポンダーはものでなく人でもかまわない。たとえば「ＡさんとＢさんが会話する」という状況なら、Ａさん側の行為をひとつのループで表し、Ａさんの言葉を聞き、考え、返事をするレスポンダーであるＢさん側の状況はまた別の（ミラーイメージの）ループで表す――もっとも、本書で取り上げるケースの大半でレスポンダーはコンピュータシステムであり、前述のとおり「input→processing→output」のループを描いて反応する。さて、次の「蝶ネクタイの図」を見てほしい。ユーザーの行為を示すループの下に、コンピュータの反応を示すループを追加したもので、区別しやすいよう黒と青で色分けした。全体で無限大記号∞のような形で、対話型のシステムにおけるやり取りを表現している。

　単純かつ効果的なこの図を特化型AIに応用すれば、ものが今後どう変わっていくかも示せる。ただ、人が所定のタスクを実行するのを特化型AIが支援する補助的な技術の場合、「人の行為は上の黒いループ、コンピュータシステムの反応は下の青いループ」という具合にきっちり二分割して表すことができなくなる。というのも、see-think-doの仕事を実際にこなすのは相変わらず人なのだが、その行為を示す上の黒いループの周囲に、コンピュータによる支援を示す青い線を添えるからだ。具体例をあげると、人が「see（現状把握）」の段階で、コンピュータは必要な情報を提示したり特定の情報に注目を促したりする。人が「think（分析）」の段階では、コンピュータは計算をしたり、代替のシナリオのモデルを提供したり、次の一連の行動に関する「ベストな推測」をしてそれを勧めたりする。そして「do（実行）」の段階では、コンピュータは複雑なAPIを「通訳」する役割を果たしたり、受益者のネットワークにおけるメッセージのやり取りを管理したり、作動装置のネットワークを介してコマンドを実行させたりする。ここで注目すべきなのが「問題を解決する主体は常に人間であり、エージェントはそれを拡張、支援する」点だが、この「人間を拡張する」というのは新しい概念ではなく、早くも1960年にJ・C・R・リックライダーが「人間とコンピュータの共生」を可能にするシステムという表現で同様の考え方を打ち出している。

　ここで視点をさらに支援型からエージェント型へ進めると、図も次ページのように変わり、「see-think-do」の仕事をこなすのはコンピュータシステムで、人間はたまに介入するだけ、という具合になる。エージェントは、支援型システムと同様のタスクを一部こなすとしても、それをユーザーと共有するのは、タスクが完了した時かユーザーが要求した時だけだ。また、「道具を使って行う作業には明確な開始と終了があるのに対して、エージェントは無期限に機能しつづける場合が多く、したがって開始と終了が明白な場合がより少なく、セットアップと（一時的な）中断がより多くなる」という点も注目に値する。この図は作業の内容や順序が一目瞭然に見て取れるタイプのものではないが、エージェント型システムならではの新たなシナリオを理解しようとする際には頼りになる。エージェント型システムの働きが従来のシステムのそれとどう異なるかの議論で、要点を整理する指針となるわけだ。

　このあとのいくつかの章で見るユースケースは、次に挙げるアクティビティのひとつに源を発していると考えられる。

エージェントのセットアップ

- エージェントの能力と限界を把握する
- 目標と優先点を伝える
- 許可や権限を与える
- エージェントの「動作テスト（テストドライブ）」をする
- 本番を開始する
- 新しい機能が実現可能になったり、未搭載の機能の人気が高まったりした場合には、それを追加する

エージェントが行っていることの把握

- 作動状況を監視する
- 成功や問題についての通知を受ける

エージェントにタスクを実行させる、あるいはエージェントの作業を支援する

- エージェントを一時停止し、再起動する
- エージェントと並行して作業を進める
- 今後のパフォーマンスを向上させるため、トリガーや挙動^{ビヘイビア}を調整する
- タスクを仲介者なり別の（人間ではない）動作主（アクター）なりに託す
- スキルを維持するために主要なタスクの練習をする
- タスクをエージェントから引き継ぐ
- タスクをエージェントに返す

エージェントの中断

- ユーザーがそのエージェントを必要としなくなる
- ユーザーがそのエージェントの利用を回避する

　念のために言っておくが、以上に「think（分析）」の項目は含めなかった。その理由のひとつは、ルーティン作業中のエージェントの思考の大半は開発者が考慮すべきものであり、ユーザーから見れば、構造や作動原理のわからない「ブラックボックス」だからだ。ちなみにエージェントはこのプロセスの最中に、次のステップを処理するだけでなく学習と改良も行う。

ルールと例外、トリガーと挙動

　ユーザーが操作上のルールやその例外を目にするのはエージェントの調整時だ。たとえば「1日のうちでそのエージェントを作動させたい時間帯を設定する」といった単純な関与のしかたで済むエージェントもあるだろう。もっと複雑なエージェントなら、アクションを取るべき時刻をエージェントに知らせる複数のトリガーから成るルールと、そのアクションの実行のしかたを教えるビヘイビ

アを指定する、といった関与のしかたがあり得る。エージェントはユーザーがこうした調整をする手助けをしなければならないが、それを実現するためのプログラムは本質的に制約の多いものとなる（もっとも、従来のプログラムとまったく異なる要件となる可能性が高い）。これについては第8章で、音楽系のエージェントの例を参照しながら詳しく解説する。

検討すべき最先端技術

　AIに「see-think-do」の能力を与えるためには、システムに最先端技術を導入しなければならない（これは大変だが「面白い」ところでもある）。権威ぶってそうした項目をリストアップしようとしたところで、骨折り損のくたびれ儲けになるのが関の山だ。本書が出版されるまでには、廃れてしまうものや陳腐な存在になってしまうものがあり、また「最新の」最先端技術が登場してしまうからだ。また、全部を完璧に集められるなどと大風呂敷を広げる気も著者にはさらさらない。とはいえ、「see-think-do」の観点から最先端技術の数々を理解しておけば、そうした技術の、エージェントにとっての目的、ユーザーにとっての目的が把握しやすくなる。また、エージェント型のものをデザインする際に、常時こうした技術を基本的構成要素として念頭に置いて検討できるようになるし、未来の技術が利用可能になった段階で、それをめぐる文脈を定義するための枠組みも得られる。以上のような理由から、大雑把になるのを承知であえて既存のAPI（特にIBMの質問応答システム・意思決定支援システム「ワトソン」とマイクロソフトの認知サービス）をベースに、次のリストを作ってみた。

「see（現状把握）」に使える技術

　エージェントは、最低でもユーザーと同程度のレベルで（また多くの場合、ユーザーの感知の範囲外で）、作業をこなすのに必要なものならすべてを感知できなければならない。そのために必要なセンシング技術の多くは、人間にとっては、とても単純なものに思えるが、コンピュータに教え込むことは困難で、それが実現できればエージェントの能力としては大変有用なものとなる。

- **物体認識**——画像や動画の中の物体を認識する
- **顔認識**——顔の特徴で個人を特定する
- **生体認証**——生物個体が持つ特性（指紋、声紋、眼底の毛細血管や顔の皮下静脈のパターンなど）により個人を特定する。生体認証はより上位レベルのアルゴリズムにも利用できる（たとえば心拍数などからストレスレベルを把握し感情を理解するなど）。
- **視線検出技術**——ユーザーの視線を検知し、意図や文脈までを推測する
- **自然言語処理**——人が日常使っている自然言語でコンピュータに指示を与えたり質問をしたりする。また、テキストからキーワードや固有の表現、抽象性の高い概念を抽出する
- **音声認識**——人が話し言葉として発生した音声を解析し理解する
- **手書き文字認識**——ユーザーが手書きしたデータや指示を認識する
- **テキストの感情解析**——テキストの本当の意味（肯定的か否定的か、話者が皮肉をこめているか否かなど）を判断する
- **ジェスチャー認識**——手や指などの位置や動きによって伝えられる意味を認識する
- **行動認識**——ユーザーがどのような活動をしているかを推測し、その時々の活動に即したモードに切り替える。たとえば「人間は眠る必要があり、その間コンピュータは振る舞いを変える必要があるということをコンピュータに教え込み、ユーザーが眠っている時間帯を認識して適応するよう計らう」など
- **感情認識**——ユーザーの声、ジェスチャー、表情などさまざまな情報をもとにしてユーザーの心理状態を推測する
- **性格診断**——インターネットでウェブページを閲覧したりSNSを利用したりするだけで、我々は自分の考えや興味、問題などさまざまな情報を残している。そうしたデジタルな痕跡にアクセスする許可をユーザーがエージェントに与えた場合、エージェントはそのユーザーの目標や性格、不満など多くのことを推測できるので、ユーザーはそうした要素をエージェントにいちいち明示する手間が省ける

Chapter 5 A Modified Frame for Interaction

予想以上に可能な「推論」

　以上にリストアップしたセンシング技術の多くは、人間に取ってみれば何の困難も伴わない「当たり前」のものだ。たとえばスマートフォンに「タイマーを9分にセットしてくれ」と依頼した命令を文字として読めば、キーとなる単語はすぐにわかるだろう。しかしコンピュータから見ると、こうした命令は恐ろしく複雑で難解なものだ。人間にとってはあまりに簡単で「当たり前」と思ってしまうだけなのだ。

　だが一方、こうした通常のデータからかなりのことが推測できてしまうのも事実だ。スマートフォンでの通話内容が政府機関に傍受されることには大抵の人が抵抗感を示すが、電話をかけることで発生するメタデータ（かけた回数、通話先の業種、通話時間など）にまで注意を向ける人はあまり多くない。

　これに関連して2016年にスタンフォード大学の研究者、ジョナサン・メイヤー、パトリック・マチュラー、ジョン・C・ミッチェルが「電話利用で発生するメタデータから推測できる個人情報」と題する衝撃的な研究結果を発表した。それによると、特化型AIのソフトで調査協力者のスマートフォンのログを解析し経験則を用いれば、「不整脈に苦しんでいる」「セミオートマチック・ライフルを持っている」といった個人情報を類推できてしまうという。通話の長さや時刻など通話ログに残された情報をもとに、個人的な情報が特定できるのだ。

　この他、ウェブページで管理者が訪問者のアクセスログを取り、訪問者の行動や居住地域、閲覧履歴や購買履歴などから、人口統計学的属性や心理的属性を判断して該当する顧客区分に分類するという手法は、すでに広く使われている。たとえば以前から気になっていた会社の広告を見つけ、リンクをクリックしてその会社のサイトを訪問したとする。その場合、厳しい商品テストで有名な専門誌『コンシューマーレポート』のウェブサイトを訪問した人が同じ会社のサイトへ移動した場合とでは異なる顧客区分に分類され、それぞれの訪問者に応じたページに誘導

される。

　以上2つの例からわかるのは「直接的なセンシング技術で得られる
データよりもはるかに多くのデータを導き出せる」ということだ。

「think（分析）」に使える技術

　AIの高度な処理を実現する上で必要な要素は何か。その大部分はエンジ
ニアが扱うべき事柄だが、知っておくだけでも興味深いだろう。それにAIシス
テムのデザインにもある程度役立つ（実社会での可能性や制約をよく理解するには、
エージェント型システムの開発者と手を組むのが最善の方法ではある）。

- **対象領域の専門知識**——対象領域の概念体系的モデル（オントロジー）をエージェント
  に与える。暦の認識や床掃除における所定のパターンの認識といった
  単純なものから、熱力学のように複雑なものまで、さまざまなケースが考
  えられる
- **常識データベース**——「バラは植物だ」「どんな植物も、水がなければ生
  きられない」など、一般常識と見なされている知識の集合体をコード化
  する。人間から見れば当たり前に思えるようなことも、コンピュータには
  明示的に教え込まれなければならない
- **推論エンジン**——常識データベース、セマンティック・ウェブ、自然言語
  の構文解析を利用し（上記の各要素を前提にして）「バラは水がなければ
  生きられない」など、この世界についての推論を行う
- **予測アルゴリズム**——既知の事実に基づき所定の信頼度で予測を行
  い、個々の予測結果の信頼度に応じた行動をする
- **機械学習**——データのパターンを認識し、タスクのパフォーマンスを改
  善して目標達成効果を上げる
- **トレードオフ分析**——多数の要因がある場合でも、複数の目標の間で
  バランスを取りつつユーザーに「おススメ」を提示する

- **予測**——個々のケースを過去の複数の例と比較することで、次に何がおこり得るかを予測できる。たとえば「文字をひとつずつ加えていって、ひとつの単語を綴っていく過程で、ある文字の次に現れやすい文字は何か」や「ひとつの文を作り上げる過程で、ある単語の次に現れやすい単語は何か」といった小さなことから、「あるユーザーが何をしそうか」「次に何に興味を持ちそうか」といったスケールの大きなことまで、さまざまなケースが考えられる

「do（実行）」に使える技術

- **画面**（スクリーン）——グラフィカルな情報を伝える
- **メッセージ**——（ほとんどの場合、ユーザーのモバイル機器に）文字情報を伝える
- **サウンド**——情報を音声で伝える
- **音声合成**——人間の声に近い音声を生成、出力する
- **ハプティクス**——振動や動きなどの「皮膚感覚フィードバック」を与える。スマートフォンのバイブレータや、ビデオゲームのコンソールのコントローラなどがその例だ
- **ロボット工学**——物理的な装置を正確にコントロールする。家電製品のように単純なものから、自動車生産工場のロボットアームのように複雑なもの、さらには表現によって情報や感情を伝える技術のように微妙なものまで、さまざまなケースが考えられる
- **遠隔操作機構**——ロボットが、泳ぐ、運転する、飛行する、宇宙空間を進むといった動きをコントロールする
- **API**——コンピュータがインターネットを経由して世界中で、あるいは近距離無線により室内で、他のコンピュータシステムや他のエージェントと、情報やリクエスト、レスポンスをやり取りする

エージェントの複雑さが尺度のひとつに

次の章から、エージェント型テクノロジーをデザインする際に参考にすべき

ユースケースを見ていく。包括的に解説したかったのでユースケースを多数取り上げたが、エージェントによって、ユースケースは2つか3つあれば事足りるという場合もあれば、そもそもユースケースなど不要という場合もあるだろう。ともかく、まずは筆者が気に入っている「庭を守る電子フクロウ」を紹介する。この製品には電源スイッチがあり、これをオンにすれば、その後は何らかの動きを感知するたびにそちらへ怖い顔を向けてホーホーと鳴いてみせる。これだけのことしかしないし、この製品がやるべきことはこれで全部だ。これぐらい単純なものを作ろうとしているのであれば、セットアップのパターンを検討する必要もないし、エージェントが協力者に責任を委ねる方法について頭を悩ます必要もないだろう。

　比較的単純なエージェントならこのあとに紹介するユースケースのいくつかを、また、作業や任務の遂行に欠かせない高性能なエージェントなら全部を（またはそれ以外のものも）組み込むことになるのではないだろうか。構想中のエージェントにどのユースケースが役立つかは、読者自身で判断してほしい。

(この章のまとめ)

新たなアプローチ

「ユーザーが操作する高性能のツール」ではなく「ユーザーに代わって仕事をこなせるシステム」をデザインするためには、従来の製品デザインとはまた違う、新たなアプローチが必要だ。

- 「実際の仕事をこなすのはコンピュータシステム、人間は時たま介入するだけ」というエージェント的な状況を実現できるよう、従来の「see-think-do（現状把握→分析→実行）ループ」を修正する必要がある
- そうした新たなシナリオに沿ってデザインする際には、新たなユースケースを参考にする必要がある（ユースケースの詳細は第6章以降を参照）
- また、エージェントによる新たな「see-think-doループ」の実行を可能にするための最新技術に関しては、常に新しい情報を仕入れておかなければならない

ミスター・マグレガーによる
エージェント型家庭菜園作り

はじめに

　本書で伝えたかった事柄のひとつが「エージェント型テクノロジーの実用化は現在進行中」という点だ。だから、わかりやすい事例もまだそうそう豊富には集められなかった（執筆中にたびたび参照した事例をまとめたのがAppendix Bだ）。次章以降で抽象的なポイントをわかりやすく説明するため、その事例群を頻繁に引き合いに出したから、重複の印象が強いかもしれない。たしかにそのとおり、同じ事例の繰り返しが多い。だからもうひとつ筆者オリジナルの例をあげるのも良かろうと判断した。

　さらに、筆者と読者とでプロダクトチームを組んでエージェント型のコンセプトを練り上げるという架空の構図が、具体例の枠組みとしてはよいのではないかと考えた。読者の視点も類似のものだろうから、こうした例が参考になると思ったのだ。

　そんな流れで、ある架空の製品を想定し、「ミスター・マグレガー」と命名することにする。「マグレガーさん」と聞いて、英国の絵本作家ビアトリクス・ポターの「ピーターラビット」に出てくるスコットランドの気難しい農夫を思い浮かべた人がいるかもしれない。そう、これから共に構想を練っていくのも、菜園に関わる製品だ。気難しさだの、ピーターラビットのお父さんがマグレガーさんの奥さんに料理されてラビットパイになってしまったことだのとは関係ない。ここでの目標は、本番のようにシステムを細かいところまでデザインすることではなく、エージェントに焦点を当てた思考でユーザーの作業を（それが一部分であれ）いかに肩代わりできるかを例証することだ。だから本章のコラムで

Chapter 5 A Modified Frame for Interaction

はひとまず製品の基本ポイントを紹介し、その上で後続の各章のコラムで、それぞれの章で提示した主眼点を応用する際の題材にする。

　では次に、この架空の製品の開発を我々に依頼したクライアントについて考えてみよう。テキサス州オースティンで長年店舗販売を行ってきた園芸用品メーカー、ポッター社。お得意さんたちとの絆をさらに強めるべく、最新式の製品を提供したいと考えている。これまでのところソフトウェアの分野にまで手を出せずに来たが、他社とはひと味違ったスグレ物を販売できたらと期待に胸をふくらませている。ポッター社ではピーターラビット・ブランドで製品を開発、販売してきたので、絵本シリーズの主な登場人物のひとり「ミスター・マグレガー」の名を冠した製品の開発にも乗り気だ。そしてエージェント型製品のコンセプトの練り上げは、我々に依頼してきた。とまあ、そんな構図だ。

　さて、「ミスター・マグレガー」についての話を進めるにあたって、「ペルソナ」を設定しておくと便利だろう。これは解説用の例題なので、ペルソナは略式のものにしよう。

ペルソナ:チャック

　ペルソナの名前は「チャック」。最近、姉のケイトの家の隣に引っ越してきた。ケイトは幼い頃からずっと庭や菜園の手入れを楽しんできた園芸の達人だ。そんな姉に触発されてチャックも家庭菜園をやってみようと思い立った。だが問題が。チャックには庭いじりの経験がないから花や野菜の「気持ち」が理解できないし、時間的な余裕もなく、おまけにやたらプライドが高いのだ。姉にアドバイスをあおぐ気がないくせに、助けがなければ菜園管理などとうてい無理。そこでミスター・マグレガーの出番、というわけだ。

　チャックの目標は次の3つ。

- 姉に自慢できるようなスゴい菜園を作り上げること
- 自家菜園の新鮮な野菜を料理に使うこと
- 自家菜園にかける時間とコストを最小限に抑えること

　これが現実の話なら、デザインの前提とすべき既定事実をもっと詳

しく知っておかなければならないが、ここでの目的のためにはこれで十分だ。さっそくチャックとポッター社の明らかにアバウトなビジネスゴールを念頭に置き、家庭菜園に役立つエージェント型製品のデザインに取りかかろう。

「チャック」と命名したわけ

2016年、米国フロリダ州オーランドのイーストレイク図書館で司書のジョージ・ドーアとアシスタント職員のスコット・アメイがエージェント的な需要主導型のシステムに不満をつのらせていた。このシステム、「蔵書の最大限の活用」が任務なのに、重要な本を「除籍」扱いにしかねないのだ。たとえばスタインベックの小説『缶詰工場横丁(キャナリーロウ)』は長期間利用者がいないので「除籍」対象にされてしまう恐れがあるが、「除籍」措置を禁じる手立てはない。そこで一計を案じて「チャック・フィンリー」という架空の利用者を登録し、この人物が借りたことにして貸出データを改ざんし、大切な蔵書を守った。

この手のアルゴリズムの奴隷に成り下がってはならない。こういうアルゴリズムは危険な「ポジティブフィードバック」を生み出し、それを増幅させることがある。その恐れがとくに大きいのは博物館や図書館など文化資本の保全を目的とする施設だろう。だからこそジョージ・ドーアとスコット・アメイの思慮に富んだ「ハッキング」には心から賞賛の拍手を送りたい。

残念ながらこの件に関しては匿名の通報があって、さまざまな波紋を呼び、結局「チャック・フィンリー」の登録データは消されてしまったが、筆者は2人の「ハッキング」に敬意を表し、「ミ

スター・マグレガー」を開発するためのペルソナを「チャック・フィンリー」と命名した。チャック・フィンリーよ永遠なれ！【注1】

この例のようにユーザーを窮地に追い込みたくなかったら、第8章で紹介する「ホワイトリストに追加」の手法を使ってほしい。

---

1 http://current.ndl.go.jp/node/33275
http://www.orlandosentinel.com/news/lake/os-chuck-finley-lake-library-fake-reader-20161227-story.html

チャックの庭

テキサス州オースティンの郊外にあるチャックの家は平屋で、フェンスをめぐらした庭はおよそ12㎡。隣は大きな公園だ。庭の約半分は芝生に覆われ、南東のすみに周囲より一段高くなった花壇がある。果樹は1本のみ——大きく育ったレモンの木で、これはチャックがここに引っ越してきた時からあった。

SKETCHUPの3D WAREHOUSEより。家と庭はユーザー「MARICOPA HOUSE」が作成した「MARICOPA BACKYARD」に、また、フェンス部分はユーザー「CHRIST」が作成した「PINEWOOD COLLECTION」に、それぞれ一部修正を加えた。

ミスター・マグレガーのコンポーネント

今構想中のエージェントは、「オプション」を付けなくても十分利用できるものだ。ユーザーは自然と、エージェントの目となり耳となり手となって働きたくなる。だが、未来のエージェント型テクノロジーにどんなことができ得るか、ちょっとひけらかしてもみたいので、次の2つの前提条件を加えてみよう——「チャックには自由にできるお金がいくらかはある」「おまけにチャックはちょっとした機械マニアだから、追加のオプションとして菜園の管理作業を軽減してくれそうな次の4つの道具を購入することにした」

- 地中温度計
- 土壌湿度センサー
- ゾーン制御式点滴灌漑システム
- ワイドアングルWi-Fiカメラ付きドローン

小型ドローン「Bee」

以上4つのオプションの中でもとくにチャックが夢中になったのが4番目の「ワイドアングルWi-Fiカメラ付きのドローン」で、通称「Bee」だ。これがミスター・マグレガーのためにさまざまな目的で活用できそうな小型ドローンなのだ。赤外線カメラを搭載し、壁掛け型の充電ベースを使い、たとえば次のような作業を任せられる。

- 定期的に菜園の野菜の写真を撮って成長や損傷をチェックする
- 充電している最中も絶えず内蔵カメラで撮影する

詳しい活用法は後続の章で解説するとして、とりあえずここでは今我々が構想中の製品のオプションとしてこういうものもあり得るとい

うことだけ示しておく。もちろんドローン本来の活用法はあれこれある。錠剤タイプの肥料をまいたり殺虫剤を散布させたり、といった利用法も容易に想像できるが、やらせすぎるとチャックの出番が限られて、それではこの具体例の趣旨から逸れてしまうから、とりあえず「このドローンはカメラを搭載している」とだけ言っておこう。

データソース

このエージェントのデータソースは、次のようなものを考えている。

- ミスター・マグレガーのサーバ
- 時計
- カレンダー
- 園芸のデータベース
- 天気や暦<ruby>暦<rt>こよみ</rt></ruby>に関する情報提供サービス
- 害虫駆除や樹医など地元のサービスに関する情報を入手するのに適したAPI
- チャックのスマートフォンのセンサー（チャックの許可を得て使用）
- チャックのSNS（チャックの許可を得て使用）

続きは後続6〜8章の章末にあるコラムに掲載する。

第6章
セットアップと始動

Chapter 6
Ramping Up with an Agent

性能や機能を伝える ———————————————————— 131

制約を伝える ———————————————————————— 132

目標や好みの定義と許可の取得 ———————————————— 134

動作テスト ———————————————————————————— 137

本番開始 ——————————————————————————————— 138

この章のまとめ――セットアップは面倒なものになりがち ― 141

ミスター・マグレガーによるエージェント型家庭菜園作り ―― 142

対応範囲が狭いため、セットアップはまったく、あるいはほぼ不要というエージェントもあるが、より高度で強力な機能も面白味も持ち合わせたエージェントの場合、うまく動作させるには十分な注意が必要だ。デザインに関しては次の5つが主要検討課題となる。

- 機能の伝達
- 制約の伝達
- ユーザーの目標や好みの把握と、必要な許可の取得
- 動作テスト
- 本番開始

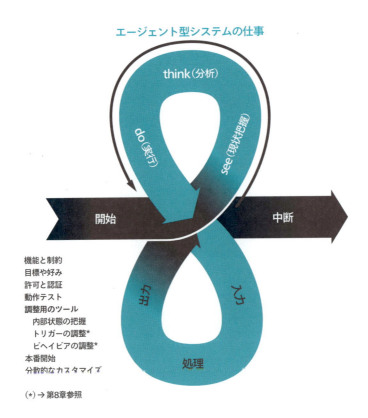

性能や機能を伝える

　そのエージェントにできることを、新規ユーザーや潜在的ユーザーに理解してもらう必要がある。マスメディアで性能や機能を伝えるための手法としては、マーケティング、宣伝、プロダクト・プレイスメント［映画などの小道具として目立つように商品を配置し、露出度を高める広告手法］などがある。また、気の利いた製品名やキャッチフレーズにも、性能や機能を伝え、しっかり理解、記憶してもらう効果がある。

　エージェント自体にも、この目的を果たせる可能性がいくつかある。

　ルンバなどの物理的なエージェントは、動作していれば、その機能が明白だ。掃除をしてくれる装置だということは見ればわかる。動作していない時は、デザインで何らかの手がかりを与えることが可能だ。ラベル作りをうまくやれば、ボタンなどの物理的な「コントロール」が機能を示唆してくれるはずだ。

　デジタルエージェントは物理的な実体を持たず、したがって物理的なアフォーダンスもないため、性能や機能を伝えることが非常に難しい。ただ、次にあげるような手法は効果が期待できる。

　対象のエージェントを使った結果がSNSで共有されると、自動的に製品ページへのリンクが貼られる上に、そのエージェントに関心のある友人たちとそれについての会話も始められる。たとえばナラティブクリップが画像の1枚をフェイスブックに投稿したとすると、この画像にはナラティブクリップに関する説明へのリンクが含まれているから、詳細を知りたいと思ったユーザーがここをクリックする。ただ、エージェントによってはSNSのコンポーネントがないこともある（ルンバに床の掃除が終わるたびにツイートされても困る）。たとえあっても「やり過ぎだ」と受け取られる恐れがある。とはいえ、使用結果は会話のきっかけになり得る。「おいクリス、このパーティの写真、どうやって撮ったんだ？　あの晩おまえカメラなんて持ってなかったよな？」といった具合だ。ちなみにSNSのアラート機能で、エージェントが現在も動作中であることをユーザーに知らせることも可能だ。

Chapter 6　Ramping Up with an Agent　　　　　　　　　　　131

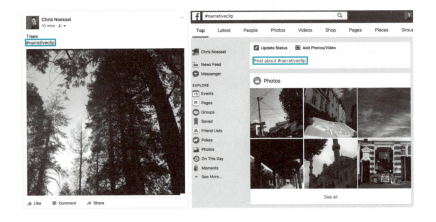

　利用することを介して機能を伝えるもうひとつの方法は、動作テスト（テストドライブ）だ。ユーザーが自分でいろいろ試してみることで機能を知る。これについてはあとで詳しく触れる。というのも、これは関心の強いユーザーがセットアップ時に行う動作テストとほとんど変わらないからだ。

制約を伝える

　エージェント型技術は、その名も示すとおり汎用AIではない。したがって何が「できないか」を伝えることがカギとなる。ユーザーに過度の期待を抱かせて、あとでガッカリさせる、といった事態を避けるためだ。ユーザーの第一印象の決め手となり、主要な手がかりを与えるのは、マーケティング、ブランド、デザインだ。

　マーケティング、ブランド、デザインでの「擬人化」は避けるべきだと筆者は考えている。使う場合は十分な配慮が必要だ。一番やりがちなのは「人間と会話している時のような話し言葉を使う」というものだ。リアリティのある人間の顔を作るよりも容易だからだろう。人間と同じような言葉遣いは、特化型AIには応えられない過度な期待をユーザーに抱かせてしまう。たとえばSiriに「ご用件は何でしょう？」と訊かれると、ついつい何でもやってもらえると期待してしまって「どういうシグナルが観察者の意図スタンスのトリガーになるか調べた研究

があるか知りたいんだけれど。どんな言葉で検索したらいいのかよくわからないんだけどね」などと質問してしまう。だが「それが存在するのか確信が持てませんが、少し探してあとでお伝えします」といった思いやりのある応えはもらえず、「それはおもしろい質問ですね。」と言ってから、無言でジッとしているだけなのだ。はっきり言ってこれはイラつく。

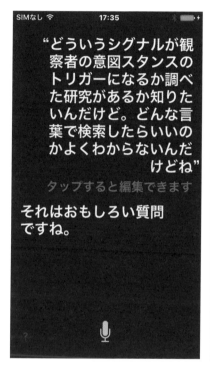
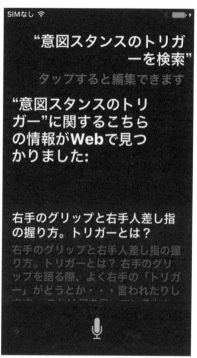

「命令？」のように、もっとマヌケな感じで応答させれば、機能が高そうな印象を与えないから、ユーザーも複雑な質問をしたりしないだろう。筆者もたぶん「意図スタンスのトリガーを検索」といった感じで質問すると思う。たとえAppStoreで検索するようアドバイスされたとしても、最初からそんなに期待していないから、ひどくイラつくこともないだろう。

むしろ、制約が課せられている印象や（人間ではなく）動物的な印象を与えるほうがよい。そうすればそれほど「人間っぽく」ないものとして理解してもらえる。

Chapter 6: Ramping Up with an Agent　　　　　　　　　　　　　　　133

特化型AIの機能にはこのほうがふさわしいし、エージェントが何か問題を起こしてしまったとしても、ユーザーから同情してもらえるかもしれない。

目標や好みの定義と許可の取得

どのエージェントでも、最終的な目標（ゴール）があらかじめ定義されている。Spotifyなら「音楽を聴くこと」で、それ以上でもそれ以下でもない。ネスト・サーモスタットなら「温度調節」だし、ルンバなら「床をきれいにすること」だ。ルンバが「この家の人たちが好きな音楽は何か？」を考える必要のないことは、言われなくてもわかる。

賢い標準設定

最初期の採用を増やすために、エージェントのセットアップに必要なデータは最小限に抑える必要がある。賢い標準設定（デフォルト）を用意しておけば、情報をたくさん入力したり細かな設定をしたりしなくても、エージェントは十分な働きができる。たとえば米国では多くの人が66歳か67歳（年金の全額支給が始まる年齢）まで働きたいと思っている。これが重要なデータとなるエージェントでは、この年齢を標準設定にして、必要ならユーザーが修正できるようにしておくとよい。

このようにエージェントでは賢い標準設定が必要だが、作業の進め方に関わるサブゴールや好みのセットアップも重要だ。その処理のしかたには暗黙的なものと明示的なものがある。

暗黙的な処理

セットアップに必要なデータ量を最小限に抑えることができる「必要なデータを暗黙的に収集する」という手法を使っても、ユーザーが機器やサービスを利用すればするほど、その「軌跡」がデジタルデータとして残されるため、それを解析できればさまざまな情報が得られる。その典型がSNSで、たとえばツイッター

からは、ユーザーがどのような言語を使っているか、どのような傾向の書き込みをしているかはもちろん、通常どの時間帯に起きているかまで推測できる。また、フェイスブックのアカウント情報を公開しているユーザーは、プロフィールページで自分に関する情報を提示している。

　また、プライベートなデータからも暗黙的な情報収集が可能だ（ユーザーが許可を与えてくれれば、ではあるが）。たとえば、楽曲を推奨するエージェントがユーザーの現在のミュージックライブラリを見られれば、ユーザーの好みをかなり高い確率で推測できる（学術的な研究のために特定の音楽を集めているのではなく、自分の好きな音楽を集めていることが前提条件だが）。この時「押しつけがましい」「プライバシーの侵害だ」といった印象を与える恐れがあるので、本当に必要な場合に限ってユーザーの許可を求めるよう、デザイナーは注意しなければならない。また、許可を求める前に、それによって得られる利点を説明する必要がある。

　暗黙的に好みを把握するための、また別の手法としては「タスクが（ユーザーによって）どのように行われているかをエージェントに観察させる」というものがある。たとえば運転のエージェントなら、ユーザーが運転する様子を何度か観察して、アクセルやブレーキの踏み込みの傾向や、前方の車両との車間距離などを記録し、こういった変数を理解して独自の設定をする。ネスト・サーモスタットはユーザーが温度をどのように調節するかを観察し、それに基づいて標準設定を微調整する。

明示的な処理

　セットアップで役立つ情報を暗黙的に把握することが不可能な場合もある。データを得る際のリスクが大きすぎる、あるいはデータを得ることが法的に許されていない、などのケースだ。このような時には、ユーザーに設定内容を明示してもらわなければならない。日付など、特定のデータが必要な場合もあるが、エージェントは大抵は持続的なものだから、抽象的なルールや例外が設定内容になるのが普通だ。ルンバに、掃除に関する命令を手動で与えることも不可能ではないが、大抵はルーティンのパターンに従って作業をさせるはずだ。つまり所定のルールがあって、エージェントがそれに従う。ルンバなら、たとえば

「週末を除いて毎日午後に実行」といったルールだ。

　ルールはトリガーと例外の集合であり、これがアクションと制約の集合に結びつけられたものだ。第3章で紹介した「If This Then That（IFTTT、ifttt.com）」は、この構造を使ったサービスだ。

　トリガーは「アクションを取るべき時を指定するもの」と考えることができるが、必ずしもそれが日時とは限らない。エージェントが知っている何らかの「変数」の状態もあり得る——温度が所定の範囲を外れた、キーワードが発話された、メールを受信した、生体認証関連のデータが所定の範囲に入った、今週YouTubeに投稿されたネコ動画の本数が閾値（しきい）を超えた、など。「例外処理は不要」というエージェントも一部にはあるだろうが、通常は何らかの例外処理が伴う。

　こうしたトリガーの条件が満たされたら、次に何をするべきかをエージェントは知っている必要がある。実行するべきアクションは、決まり切ったものである場合もある。たとえばナラティブクリップが写真を撮る、ルンバが床を掃除する、などだ。そうでない場合はアクションと変数が指定される。メッセージを送る、一番近くにいる警官に通報する、犬に餌をやる、など。アクションに対する制約は「魔法使いの弟子」問題を回避するのに役立つ（第4章で紹介した、哀れな弟子の周りで無数の箒（ほうき）が延々と水を汲んでいた場面を思い出してほしい）。すべてのアクションが制約を必要とするわけではないが、上であげた3つの事例では、制約がどのようなものか簡単にわかると思う。テキストメッセージは1日3回まで、警察官を呼ぶのは近いほうがよいが捜査中ではない者に通報する、犬に餌をやるが、最高でも1日2皿まで（悲しそうな目と哀れな声で訴えられても！）。

　ユーザーがルールを明示的に設定するツールは、データを提供するためのものなので、デザインの原則に則っていなければならない。ユーザーがスマートフォンやパソコンでルールを設定し、そのデータが個々のエージェントに伝えられる、という形式を採用するものが増えている。

　特化型AIの世界にいる限り、ユーザーが好みを伝えるインタフェースは、グラフィカルなユーザーインタフェース（GUI）でも、自然言語のインタフェース（NLI: natural language interface）による会話的なものであってもよい、という点は注目に値する。実はこの種の入力のことを「エージェント」と呼ぶ人もいるのだが、これは少々紛らわしい。ユーザー自身が注意を向けて入力するのだか

ら「エージェント型」ではなく「支援型」なのだ。ところで自然言語は入力の手段としては非常に強力だ。誰もが言葉を使って自分自身を表現したりニーズを伝えたりすることには慣れており、比較的うまくできるからだ。とはいえ、デザイナーはこうしたインタフェースを使い過ぎないよう注意しなければならない。選択肢を確認する際には、単なる文字による説明よりもグラフィカルな出力のほうが、ユーザーにはわかりやすい。

動作テスト

　リスクが小さなエージェントなら、テストなしで「本番開始」もありかもしれない。たとえばSpotifyなら、起こり得る最悪の事態は「ユーザーにとっては楽しめない曲を流してしまう」程度だからだ。だが中には動作テストが必要なエージェントもある。ユーザーに、どのように動作するのかを感覚的に理解してもらい、本番前に十分な信頼感を持ってもらうためだ。たとえば投資ロボットなら、ユーザーはまず架空の資金と自分独自の設定とを使って、ポートフォリオがどうなるかを試してみたいはずだ。それで十分なパフォーマンスが得られれば、本物の資金を使って運用してみることになるが、不満があればルール調整用のツールを使うことになる（ルール調整の詳細は第7章を参照）。

　ユーザーは動作テストの状況をモニターしたいだろうから、通常よりも圧縮されたスケジュールでエージェントを働かせる必要がある。あるいはトリガーの条件が満たされていなくても強制的に起動してもよいだろう。投資ロボットの動作テストの結果が出るのを、1年間じっくり待ってくれる投資家などいるはずがない。

内部状態の把握

　この他、ユーザーは「内部を覗ける」必要もある。つまりエージェントがある決定を下した理由がわかるようになっていなければならない。なに

しろ、「うまくいったけれども全く別の理由によるものだった」「ユーザー本人なら強く望んだであろうことを、エージェントはぎりぎりで選んだだけ」といったケースもあり得るのだから。これはユーザーにとっては本番前にルールを調整するもうひとつの機会となる。しかし「内部」の何をどうユーザーに見せるかはエージェントによって異なるだろう。解決策のひとつとして考えられるのが、第8章で紹介する制約付き自然言語ツールだ。

　一方、動作テストはエージェントの限界をユーザーが知る機会にもなる。マンマシンインタフェースを専門とする米国の研究者であり起業家であるデイビッド・ローズは、IoTに関する著書『Enchanted Objects［魔法をかけられた物］』の中でこれを「ガードレール体験［テストドライバーが新型車のステアリングの性能を評価するため、テストコースの片側のガードレールから反対側のガードレールへと急ハンドルを切りながら走ってみる行為をたとえにして付けた名称］」と呼んでいる。このエージェントには何ができるのか。何ができないのか。何に関しては人の助けが必要なのか。同書でデイビッド・ローズは、Siriのデザイナーが「ユーザーから『Siri, I love you.』と言われたら『I value you.［私にとってあなたは大切な人です］』と返す」というビヘイビアを設定した時に何を考えていたかを紹介している。それによると、これはこの製品の限界を伝える賢い方法であるとともに、ユーザーが遊び心あふれる使い方をすると開発時に予測していたことをユーザーに伝えるものでもある、のだそうだ。

本番開始

　エージェントのセットアップが完了し、もう十分信頼できる、仕事を任せても大丈夫、とユーザーが確信できたら、いよいよ本番だ。

　ボタンをクリックするだけで本番開始となるデザインでも別に問題はないが、エージェントのセットアップに一定の時間や労力、あるいは資金を使ったのなら──さらに言えば、そのエージェントの利用効果の高さが期待できるなら──

本番開始の場面をある程度は「鳴り物入り」にしてもよいのではないだろうか。「これでこのエージェントに命が吹き込まれました！」的な演出だ。

　また、エージェントが本番モードに入ったものの、トリガー待ちが続いているといった状況では、「働いていないように見えるが実はしっかり持ち場に着いていること」をユーザーに何らかの形で知らせる必要がある。そのため、モニタリングの結果をフィードバックとして提供するとよい。たとえばエージェントが特定の時刻を待っているのであればカウントダウンタイマーを表示する、温度を計測しているのであれば現在の温度と閾値を可視化する、サウンドをモニタリングしているのであれば小さく音波を表示する、といった具合だ。

　最後に、（スキー教室で初心者がまず転び方と起き上がり方を教わるのと同様に）ユーザーは本番開始直後にエージェントの一時停止と再開の方法を覚えなければならない。そのための代表的な手法は「赤いボタンを光らせる」「キーワードを言ってもらう」などだが、こうした操作で制御不可能な状態にはならないことをユーザーに確約するデザインにする必要がある。

　最初のうちユーザーは何度もチェックして、すべてが首尾よく運んでいることを確認したがるものだ。そのため、モニタリングの結果をフィードバックとして提供し続けるとともに、この機会を借りてセットアップ時に入手できなかった情報等を一部分でも集められるようにしたい。たとえばカスタマイズオプションを提示するのはタイミング的には本番直前がよいが、下で説明するように本番開始後でもかまわない。

分散的なカスタマイゼーション

　本番前にすべてをセットアップしたい気持ちもわかるが、エージェント型技術は長期にわたって使い続け、その過程で必要な微調整を重ねていくものだから、本番開始後でもオプションのカスタマイズが可能なデザインにしてかまわない。そうすればセットアップのシナリオを簡素化できるし、初期の段階で（万事が順調に運んでいても）ユーザーに接触を試み

る正当な理由をエージェントに与えられ、厚かましい迷惑メール（的なもの）に頼らなくてもユーザーに忘れられずに済む。

　筆者も開発に携わった投資ロボットの例をあげよう。「投資家に目標を可視化してもらう」という手法が有効で説得力もあり、ユーザーの「脱落」を防ぐ長期的な効果があるとわかっていたので、マイホームの購入、引退後を見据えての資産形成、息子や娘を大学へやるための学資稼ぎなど、各人各様の目標を象徴する写真を選択またはアップロードしてもらったらどうか、ということになった。「投資の理由」を思い出させてくれる写真だ。たとえば大学の卒業生が角帽を投げ上げている写真。その角帽のひとつが息子のものだと想像してもらうわけだ。

　ユーザーに写真を選んでもらうのはいつがよいか。目標を設定するセットアップ時がひとつの選択肢ではあったが、できるだけ本番開始の周辺にしたいと思ったので、スタートの2、3週間後にした。これで、セットアップ時の作業から外せて、写真の選択が独自の「イベント」となった。こうすれば、なぜ写真を選択するのか説明する時間的余裕も生まれる。写真の選択をセットアップのシナリオに詰め込もうとしていたら、「より手早く効率的にできるようにしないと」というプレッシャーを感じてしまっていただろう。

（この章のまとめ）

セットアップは面倒なものになりがち

　単一目的のエージェントなら、スイッチオンにして「あとはおまかせ」でも大丈夫だろう。しかし、より賢いエージェントの場合、「開始」が結構難しい。この点を考慮して極力スムーズに、シナリオどおりに事を進められるよう図らうのが、プロダクトマネージャ、デザイナー、開発者の務めだ。その際、次のような点が検討材料となるだろう。

- **機能と制約を伝える** ——このエージェントにできることとできないことをユーザーが覚える
- **ユーザーの目標（ゴール）や好みを理解する** ——ユーザーが達成したい目標や、ユーザーが希望する目標の達成方法を、エージェントがどう学ぶかを明示する
- **許可と認証** ——エージェントがユーザーの信頼を得て、タスクの実行に役立つ情報へのアクセス許可を得られるようにする
- **動作テスト（テストドライブ）** ——ユーザーにエージェントを試す機会を与える。その目的はセットアップが万全かどうかと、ユーザーの意図するとおりに動作するかどうかの確認だ
- **本番開始** ——ユーザーがエージェントに信頼感を抱くような本番開始のメカニズムを構築する

ミスター・マグレガーによる
エージェント型家庭菜園作り

セットアップと本番開始

　この章で紹介したセットアップに関する配慮点は、チャックのエージェントであるミスター・マグレガー（以下「MM」）にはどのように当てはまるのだろうか。ひとつひとつ順に検討しながら、仮にMMを単なる「ツール」と見なした場合と比較して、システムへのアプローチがどう変わるかも見ていこう。本書の中核的なアイデアの観点からこのプロジェクトを検討するのはこれが初めてなので、各項目についてじっくり解説するつもりだ。チャックが自ら家庭菜園管理の各段階をこなすためのツールをMMが提供するという構図ではなく、各段階でMMがチャックに代わってやれる作業をどうこなすのかを理解してもらいたい。

機能と制約を伝える

　チャックが初めてMMの機能や制約について知るのは、家庭菜園の管理に最適なソリューションはないかと検索していて、園芸用品メーカー、ポッター社の販促用ウェブページやアプリのレビューを見つけた時だ。もちろんこれだけの情報では心もとない。製品そのものを使ってみて初めてわかる機能もあるはずだ。それはどのような機能だろうか。

　もしもこのブランドに一定の性格を持たせたいのであれば、ビアトリクス・ポターのピーターラビット・シリーズに登場する農夫「マグレガーさん」を擬人化する方法を考える必要がある。マグレガーさんを製品の一部として登場させるのか。ロゴにとどめるか。製

品の一部として登場させる場合、エージェントにもマグレガーさんのような偏屈なしゃべり方をさせるのか、それとももっと普通の感じで話させるか。マグレガーさんの声でメッセージを伝えるようにするとAI的な雰囲気が強く出て、このエージェントの実際の機能よりも多くのことができるという誇大なイメージを植え付けてしまいかねないので、マグレガーさんはちょっとした「お飾り」にとどめて、普通のしゃべり方を採用することにしよう。こうすれば抑制を効かせる形で制約を伝えられ、チャックに過度の期待を抱かせることもないだろう。

チャックの目標、設定、好みの把握と許可の取得

ここで仮にMMを家庭菜園の「ツール」と見なしてみよう。その場合デザイナーは、チャックが家庭菜園に関わる選択肢をじっくり検討できる、有益で使い勝手の良いフォームを用意するはずだ。たとえば畑のどこに何を植えたいかを示すレイアウトを計画するためのGUIなどだ。レイアウトが完成したら、チャックはウェブアプリに定期的にアクセスして、自分のレイアウトをチェックしては、やるべき作業を確認し、その作業が完了したらまたアプリに戻って「完了」を示すチェックマークを付け、次のステップを確認する。

だがエージェント型のソリューションなら、チャックのためにこれよりはるかに優れたことをやれる。

チャックの興味に関する推論

まずエージェント型のMMで、チャックがSNSへのアクセスを許可した場合を考えてみよう。これを受けてMMは、チャックがガーデニングのどんな側面に興味を持っているかのヒントを探る。チャックの友人や家族によるSNSへの書き込みを——とくに姉が自身の家庭菜園や、そこで育てた野菜で作った料理について頻繁に投稿している内容

や、さらには近隣地域に出没する野生の鹿への文句まで——チェック
するはずだ。姉弟の関係や互いの家の近さも、チャックがガーデニン
グに興味を持った理由を探る上で重要な手がかりとなり、チャックが
望んでいるのはガーデニングの中でも特に家庭菜園である可能性が
高くなる。こうして、チャックにSNSへのアクセスを許可されたMMは、
チャックに次のように問いかけをすることができるわけだ。

「庭で野菜を育てたいのですよね?」

　特化型AIと推論エンジンを使うことによって、大部分のユーザーが
「そう、そのとおり」と言うだけで事足りるような、賢い標準設定を用
意することができるのだ。

そう、そのとおり

MMは、チャック自身がSNSに投稿した内容についても賢い推論をす
ることができる。チャックの投稿内容から本業が忙しいことを知り、最
初の年は菜園にそうそう時間を割けないだろうと判断する。

「あなた自身が菜園の管理に割ける時間は、毎週2時間といったとこ
ろでしょうか?」

　ツールは、ユーザー自身が仕事をこなすための簡単な方法をユー
ザーに提供する。エージェントは自身が仕事を完遂するための最良
の方法を見つけ出し、その方法をユーザーと共に微調整したり修正し
たりする。
　たとえばポッター社がマサチューセッツ州立大の土壌試験研究所と
提携し、この研究所のデータベースを検索するためのAPIを公開して
いるとすると、次のような利用法が考えられる。この家の前の持ち主が

庭の土壌試験をやってもらったことはあるだろうか。あるとしたら、いつのことか。近所の家はどうだろう。既存のデータがあれば、それを判断材料のひとつにしてもよいだろう。かなり昔のことだったり、誰も土壌検査を受けたことがなかったりしたら、MMがチャックに、土壌試験キットはこちらでリクエストしますよと告げた上で、試験結果が届くまで何週間か待つ必要がありますがどうしますかとか、土壌検査はなしで菜園を始める選択肢もありますが、と尋ねる。ツールであれば土壌検査のことをチャックに念押しするだけだが、エージェントはチャックに代わって検査キットをリクエストすることまでやってくれるのだ。

フォローアップとして、チャックに家庭菜園の準備にどの程度お金をかける気があるか、毎月の予算をどの位にしたいかを尋ねてもよいだろう。エージェントにとっては家庭菜園の成功と費用のバランスを取ろうとする際の判断材料となるし、器具や資材の購入についてチャックに相談する際の参考にもなる。この段階ではチャックはまだ銀行口座の処理をエージェントに任せたくはないだろうが、その後、十分な信頼関係が築ければ、また、チャックが器具等の購入に関わる口座処理が面倒だと感じたら、自分の手間を省くためにそういった情報をエージェントに渡すこともあり得る。

次はMMがチャックの目標や制約に合った野菜を選ぶ段階だ。この場合次のような事柄が考慮対象となる。

- 家庭菜園の初心者でもうまく育てられる野菜は何か
- 所在地がテキサス州オースティンであることから生じる耐寒性と、大きな公園に隣接していることから生じる局所的な気候
- 姉との共通の話題作りのため、少なくともひとつは同じものを作る

レイアウトの計画

チャックが目標を確認したら、MMはGoogleマップで自宅周辺の衛

星写真を見て、チャックの庭の見取り図の下書きを作り、チャックがゼロから作る手間を省く。チャックがやるべきなのは下書きを確認し、必要に応じて修正することだけだ。
　MMはしかるべきロジックを使って、チャックが菜園として指定した区域を30cm四方の区画に分割し、すでに選んである野菜にひとつひとつを振り分ける。そしてシンプルなGUIを使って案を提示し、これを見てチャックは足りない情報や必要な修正を加える。

　この段階でMMはこんなアドバイスをする――「トマトには十分な日光が必要なので、このプランでは南に面した壁ぎわの暖かい場所を選びました。この場所を日陰にしてしまうような物がないかご確認ください。そういった物があるのであれば、また別の場所を見つける必要があります」
　長年、家庭菜園に本格的に取り組んでいる人なら、支援型ツールを使って家とその周辺にある物の3Dモデルを作り、太陽光と日陰の様子を時々刻々と表示するマップを作ってもよいだろうが、初心者には荷が重い。

チャックはMMと共に、ジャガイモ、ニンニク、フダンソウ［葉菜として改良されたビーツの一種。サラダや炒め物にすると美味しい］、カボチャ、トマトに、それぞれ30cm四方の区画をひとつずつ割り当てて畑の見取り図を作り上げる。また、こういった野菜と相性の良いハーブの場所も確保したいところだ。上の野菜であれば、オレガノ、ミント、タイムなどがよいだろう。簡単に育てられて、しかも色々なレシピに使える野菜とハーブだ。その他、特に入れたい、あるいは特に外したいものがあれば、それもエージェントに伝えておく。

「僕はミントはダメなんだ。歯磨き粉みたいな味とにおいがするから。でもコリアンダーは大好きさ…」。案があって、その中のひとつを取り替えるだけで済めば、ゼロから作るよりもはるかに楽だ。とくに初めて家庭菜園に挑戦しようという人にとっては。

最後にもう1点、付け加えたいのは、器具の購入だ。MMは「初心者が家庭菜園を始める場合に必要な器具のリスト」をチャックに提示し、すでに家にあるものをそのリストから外せるようにしてくれる。また、最近の購入履歴をチェックできるアカウントへのアクセスを許可すれば、チャックの手間をさらに省く。チャックが支払いの詳細を示し、これを受けてMMは品物がきちんと到着するかどうか目を光らせる。畑のプランはもう出来ているし、器具ももうじき届く。というわけでチャックはMMの手を借りて家庭菜園に必要な下準備を進め、必要な知識も仕入れたというわけだ。

器具等の準備

器具が届いたら組み立てだ。ここはチャックの出番だろう。ここで近隣地域に住むMMのユーザーと何らかのやり取りをできるようにして、ゆるい師弟関係を結べるようにするか否かについては、さまざまな意見があるだろうが、まずはチャック自身のMMだけで問題を解決できるかどうか考えてみよう。

MMは器具の到着を確認するとチャックに短いビデオを送り、地中温度計、土壌湿度センサー、ゾーン制御式点滴灌漑システムの設置方法を説明する。チャックがこうした器具の設置を終えたら、MMはチャックに、うまく設置できたかどうかを確認するためのテストを依頼する。MMは菜園の四季のイベントを把握し、チャックに次のステップの準備を事前にやらせる形を取っているため、もっとも役に立つ時に、そして実施可能な時に、必要な情報を提供できる。その後、種苗や資材が届いたらMMは同様のやり方で種や肥料のまき方に関する情報をチャックに提供する。

　Beeは特別だ。どこへ飛んで行って作物を監視するべきかを知っている必要がある。MMが庭の見取り図に飛行経路を描くのでも、チャックにGUIツールと見取り図を使って指定させるのでもよいだろう。ただその場合、ベンチやテーブルなど芝生用の家具や背の高い鉢植えといった、実際に庭に置いてある物を考慮しそこなう恐れがある。この章の「目標や好みの定義と許可の取得」の項の「暗黙的な処理」の節で「タスクが（ユーザーによって）どのように行われているかをエージェントに観察させる」方法を紹介したが、この状況はその好例と言える。MMはチャックに、（フェンスを避ける、Beeに畑の区画ひとつひとつを監視させるなど）デモ飛行の目的を説明した上で、チャックを充電ステーションに立たせ、Beeを手に取らせて、Beeが前述の目的を果たせるような飛行経路を歩いてたどらせる。Beeはチャックに運ばれつつ、この経路を記憶する。それが完了したところでMMはBeeを試験飛行させ、チャックが示した経路で任務が遂行できるかどうか確認する。これ以後は、Beeに菜園管理の各種タスクでこの飛行経路を使わせることになる（これについては第7章と第8章のこのコラムで言及する）。

動作テスト

　この応用例では動作テストはあまり意味がない。もちろん最初の1年間は、その全体がチャックにとってもMMにとってもテストの年となる——実践的なテスト、という意味だが。幸いリスクはあまりない。最悪の場合でも、時間とお金の面で多少の損失を出し、努力の成果たるべき収穫がゼロになるだけの話だ。それに野菜なら八百屋やスーパーで手に入る。それでもあえてこの節を設けたのは、エージェント型技術の「ゆるさ」を実感してもらいたかったのと、解説の中で紹介したパターンが単純に応用できるとは限らないことを知ってもらいたかったからだ。

本番開始

　チャックが器具や資材を入手し、ソフトウェアや畑の土の準備を終え、種をまき終えたら、MMはお祝いのビデオをチャックに送って「準備作業の大半は終わりました」と告げてよいだろう。この「ビデオ」には料理の画像を加えてもよいかもしれない——数週間後か数ヵ月後に自身の家庭菜園で収穫できるであろう作物を使って作る、美味しい料理をチャックがイメージできるように。また、アプリを起動すれば、菜園のライブ画像が見られるようにする。カウントダウンタイマー付きで、次にするべき作業も確認できる（もちろんその時が来れば私が知らせます、というメッセージ付きだ）。初心者のチャックが単独で菜園の運営を始めるならすべてを自分でチェックしつつ作業を進めなければならないところだが、こうやってエージェント型の技術を応用すれば、そうした手間を省いてあげられる。

第7章
万事順調に作動中

Chapter 7
Everything Running Smoothly

一時停止と再開 ——————————————— 152

監視 —————————————————————— 153

ユーザー自身による並行作業 ——————— 154

通知 —————————————————————— 155

この章のまとめ——「万事順調に作動中」は
扱いが比較的楽な部分 —————————— 159

ミスター・マグレガーによるエージェント型家庭菜園作り —— 160

エージェントは電灯のスイッチやカメラのオートフォーカスとは違って、「作業を始め、終えたら、即、お役御免」とはならない。この章では、エージェントが順調に作業をこなしている最中に発生し得る状況とそのシナリオを見ていく。

なお、パートIIで紹介している他の状況と同様に、ここでも最終的なデザインの大半はエージェント自体およびその対象領域に特有の要件に依存する。

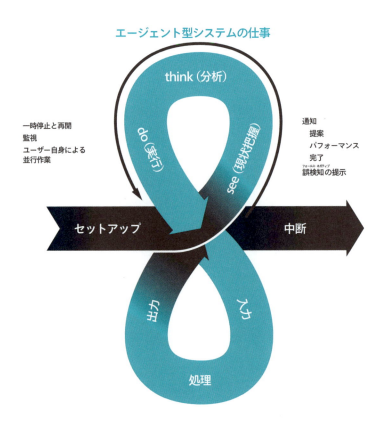

一時停止と再開

エージェントの中には一時停止と再開の機能が必要なものもある。たとえばAI投資アドバイザーはユーザーが失業したら再就職して定期収入が得られる

ようになるまで休まなければならないし、お掃除ロボット「ルンバ」なら、猫が吐いて汚れてしまった床をユーザーが拭き取っている間は待っていてくれないと、汚れを部屋全体に広げてしまう。コラムで登場するミスター・マグレガー（MM）も、チャックが休暇で家を空ける時には、その間、菜園の面倒を見てくれる助っ人を手配しようかと提案する。こうした状況で損害や事故の危険性が大きくなるシステムでは、一時停止と再開のためのボタンやメッセージなどを、よく目立ち、アクセスしやすいものにしなければならない。また、一時停止の持続期間が明確な場合には、トリガーをもとに再開してもよい。

　一時停止中の通知等は明確でわかりやすいものでなければならない。いつもならユーザーが行動を起こすはずの、損害発生の恐れのあるデッドラインやトリガーが近づいてきたら、ユーザーの目の前に大きく表示し注意を喚起する必要がある。なお、機会を逃してしまったからといって、それを知らせる通知で「ていねいな謝罪が不可欠」というわけではない。上のAI投資アドバイザーのユーザーが失業した場合のように、一時停止の原因がエージェント側にはないこともある。

監視

　エージェントはエージェント型の作業をこなしている最中は舞台裏に引っ込んでいる。エージェントとはそういうものなのだ。だがユーザーが確認したがっている時にまで雲隠れを決め込んでいては困る——ユーザーが「ちゃんと動いてるのか？」「保存された途中経過はどんな感じになってるのか？」「次回に予定されてるトリガーまで、あとどれくらいか？」「データストリームは平坦？　それとも何か傾向や起伏がある？」などと考えている時だ。ただ、深刻な懸念があればエージェントがユーザーに正式な通知をするはずだから、さほど重要ではないケースに限られる。しかしいずれにせよユーザーが確認したがっているのなら、現状を見せるべきなのだ。

　この手の情報は表示の背景を黒くしたり専用のインフォグラフィックを使ったりすれば一目瞭然の形で伝えられる。

Chapter 7 Everything Running Smoothly　　　　　　　　　　　　153

ユーザー自身による並行作業

　うぬぼれ屋のユーザーは少なくない。所定の作業にかけては人よりエージェントのほうが一枚上手であることを示唆するデータがあるのに、「エージェントなんて所詮機械にすぎない。人間のセンスや経験にはかなわないはず」などと言ってのけるユーザーもいないわけではない。もっとも、「虫の知らせ」にもそれなりの理由があるようだし、ことによったらユーザーのこうした言い分が正しいのかもしれない。

　そんなわけで、エージェント相手に腕試しをしたいと望むユーザーには、そのための手段を提供しようではないか。そのために仮想的なデータセットや小規模なサブセットを使ってもよいだろう。

　同じリソースを使ってユーザーが出した結果をエージェントのそれと比較できる状況では、オーバーレイ表示を活用すると効果的だ。エージェントの出した結果のほうが優れていればエージェントに対するユーザーの信頼感が増すし、ユーザーの結果のほうがよければ、エージェントを調整する好機となるだろう。また、ユーザーのタスクの実行のしかたに微妙だが重要な違いがあって、これがエージェント側で行う調整につながる、といったケースもあり得る。これについては自動運転のエージェントとユーザーの例をあげよう。ユーザーが「急カーブの上手な曲がり方をエージェントに教えたいが、いちいち言葉で説明するより実際にやって見せたほうが楽だ」と考えた場合や、「この友達の家の門を入って玄関へ行くまでの地面は妙にデコボコしてるから、多少スピードをあげてさっと通っちゃったほうがいいの。見てて」といった具合に、注意を要する場面でのコツを教え込みたい場合などだ。

　車の運転の話をしていて思い出すのは、（分野にもよるが）エージェントが所定のタスクをこなすのに必要なスキルのレベルをユーザー自身が「維持したい」「維持する必要がある」と感じる場面だ——「そのタスクを引き継いだ時、うまくこなしたいから」というのがその唯一の理由なのだが。このような時には「練習モード」でユーザーがそのタスクをこなすようにすればよいだろう。これについては第8章と第9章で詳しく解説する。

通知

　エージェント的な作業を進めている最中は舞台裏に引っ込んでいる。エージェントとはそういうものだ。とはいえ、ユーザーの指示をあおぐ必要がある場面は、決まり切った仕事についてもあり得る。

完了

　「作業が完了しました！」　どのようなアクションでも完了したら、毎回大々的にユーザーに知らせる——これではいくらなんでもやり過ぎだが、せめて一定レベルでユーザーに完了通知が行くようにすれば、システムがきちんと作動していることを知らせられる。定型的なルーティンのタスクの完了なら、小さな音を鳴らしたりログに記入したりすれば十分だろう。作業の途中で難問に出くわしたが首尾よく克服できた、といった場面なら、知らせる価値がある。たとえ万事が順調に運んでいる時でも、完了通知はユーザーにエージェントやブランドの価値を実感させるよい機会となる。「Rusty」と名付けた我が家のルンバは、掃除を終えて充電ステーションに戻るとちょっとおどけた音を出すが、たまたま近くにいて、その音を耳にするのは結構楽しいものだ。

提案

　エージェントの持つ素晴らしい可能性のひとつが「新たな機会の発見を促してくれること」だ。たとえばIBMの質問応答・意思決定支援システム「ワトソン」を利用した料理アプリ「シェフ・ワトソン」はレシピを提案してくれるし、音楽のストリーミング配信サービスSpotifyはユーザーひとりひとりに合わせてカスタマイズした曲のコレクションを週に1回提示してくれる。こうしたサービスの「売り」のひとつが「発見」なのだ。他のエージェントに関しても、たとえば、よりユーザーの目標に即した操作の簡単なオプションを提案する、より良いルートを見つける手助けをする、ユーザーに何かを思い出させるなど、いわばサービスのプロとしてユーザーを支援する場面を思い描けるはずだ。ただしエージェントはユーザーに代わってタスクをこなすべき存在なのだから、「提案」は度を過ご

すと邪魔になり逆効果だ。慎重に検討し、十二分に価値があると判断できる時にだけ実装しよう。

ルーティンレベルでの連絡やパフォーマンス

「たいていは舞台裏に引っ込んでいる」というエージェントの通常の立ち位置は、ブランド面で「忘れ去られる」という問題を生みかねない。たとえば、作業ははかどっているがトリガーにはまだ全然出くわしていない場合、どうすればよいか。相変わらず舞台裏にとどまるのでよいか。ユーザーがしばらくインタラクションを取っていない状況で、今も作業中だとエージェントがユーザーに連絡するのは可能だが、うるさがられる恐れもあるから、ユーザーに迷惑にならない程度と思われるデフォルトを設定しておき、その上でエージェントからユーザーへの連絡を停止したり頻度を調整したりできる機能を用意すべきだろう。

ところで、エージェントを利用するにあたって誰もが思案するのは「このエージェント、わざわざ使う価値があるか？」という点だろう。筆者はiPhoneの自動修正機能（オートコレクト）をオフにしている。文章を書く時には自然な流れやリズムを大切にしているのに、「三重の修正」を強いられてイラついたからだ。「三重の修正」というのは、テキストを入力していた時、オートコレクト機能に修正案を提示され、それを無視していたらその提案どおりに修正され、それが気に入らず、戻って打ち直したらそれをまた修正されたので（またやられたら悲惨だから、修正案が表示されたら手動で阻止せねばと身構えつつ）また入力したのだ。入力のスピードは鈍るわ文章を書くリズムは乱されるわで大迷惑だった。しかもそういう目にたびたびあったので、こんなの使う価値がないと判断した次第だ。同様に、Siriにメッセージを作成してもらう機能も素晴らしいと言えば素晴らしいが、メールやテキストメッセージなど短いもので、しかも内容が日常レベルの具体的なものに限られる、という条件つきの機能だから、長いテキストの場合、わざわざ冒頭にまで戻って確認、修正するくらいなら最初から自分の手で入力したほうがましだと思っている。

とはいえ、筆者のこうした受け止め方が「間違っている」可能性もゼロではない。「三重の修正」を強いられても、オートコレクト機能を使ったほうが速く入力できるとしたら？　ただ、「三重の修正」にゲンナリさせられたという筆者の

感情的な反応に対し、それは誤解だとAppleが正当な情報を提示して反論したことは未だかつてない。仮に何か信頼に足る測定基準があって、筆者（や筆者と同意見の人たち）が、オートコレクト機能は世話が焼けるが、それでも使ったほうが入力が速くなるということで納得できていたのなら使い続けていたかもしれない。感情的でない冷静な視点でエージェントの価値を理解することが大事なのだ。たとえそのエージェントが実際にユーザーの効率を下げてしまっているという測定結果が出たとしても、それはそのエージェントの提供会社が知っておくべきことだし、もしもその情報をユーザーに公開するなら、それはそれで前向きで立派な姿勢と言える。

懸念

　悪いニュースでユーザーを驚かすような事態は絶対に避けたい（不慮の出来事を知らせなければならない場合はしかたがないが）。ユーザーの利害に関わる事柄に関して不安材料となる動向が見え始めたら、その事実は有意義でしかも押し付けがましくない形で伝える必要がある。通知は簡潔明瞭にすべきだが、以下の情報は漏れなく盛り込みたい。

- 明確な説明
- 近づきつつある閾値
- この事態に対して今エージェントが取っている対策
- この閾値に到達してしまった場合、ユーザーに連絡が行くこと
- それまでにユーザーがすべきこと
- 閾値に到達してしまった場合にユーザーに求められる行動

　もちろん、以上のすべてを極力簡潔かつ穏やかな口調で告げる必要がある。たとえばこんな感じだ。

　　お知らせがございます。マイホームの購入資金づくりのためにご利用いただいている投資信託の株価がこの2〜3週間下がり続けており、この傾向が今後3週間続くと深刻な影響が出てくる恐れがあります。（弊社で見込ん

でおりますように）株価が上向けば対策の必要は一切ありませんが、下落傾向が続いた場合にはその旨ご連絡し代替案をご提示いたします。それまでの間、株価を毎日お知らせすることもできますので、ご希望の場合はコチラをクリックしてください。

問題

　懸念が現実のものとなり、問題が生じてしまったら、もちろんユーザーに知らせなければならない。「通知」は丸々1章を割いて解説する価値のある大事な項目だから次章で扱うことにしよう。

この章のまとめ

「万事順調に作動中」は扱いが比較的楽な部分

「エージェントが万事順調に作動中」というのは、ユーザーが最低限のインプットで最大限の利益を得られている状況だ。だからといって「ユーザーは設定を完了すれば、あとはきれいさっぱり忘れてOK」というわけでもない。デザインの点では次のようにさまざまな配慮点がある。

- **一時停止と再開** —— ユーザーが一時停止や再開を指示できるよう、目につきやすく使いやすいボタンなどのコントロールを提供する必要がある
- **監視** —— ユーザーは（使い始めはとくに）エージェントがどのように作動しているかをチェックしたがるものだから、そのための機能を用意して、ユーザーの理解と信頼を得るようにしよう
- **ユーザー自身による並行作業** —— スキルを磨くための練習であれ、エージェントが見落とした特定の状況の処理であれ、エージェント相手の腕試しであれ、とにかくエージェントと並行して自分の手でタスクを実行したいと望むユーザーもいるものだ。そんなユーザーのために、エージェントの動作を妨げることなくユーザー自身が作業できるオプションも提供しよう
- **通知** —— ユーザーが一時停止や監視、並行作業をしていない時でも、エージェントがユーザーに何らかの通知をしなければならないことはあり得る。きちんと作動している、タスクを完了した、懸念材料がある、といった場合にユーザーがそのことを容易に把握できるようデザインしよう

Chapter 7 Everything Running Smoothly

ミスター・マグレガーによる
エージェント型家庭菜園作り

順調に作動中

　前章の最後のこのコラムでは、家庭菜園を始める時に必要な準備作業は山ほどあること、しかしエージェント的な思考をすれば素晴らしい菜園管理も不可能ではないことを紹介した。ただ、準備が完了してからも配慮すべき点がまだいくつかある。そこでここでは、チャックが実際に家庭菜園を始めてから検討する必要のあるパターンを、この章で触れた項目と合わせて見ていくことにしよう。

一時停止と再開

　野菜や果樹は生き物だから一時停止も再開もできないが、チャックの家庭菜園の管理に関しては「一時停止と再開」もあり得る。仮にチャックが今どこか別の町に行っていて、そのことをミスター・マグレガー（MM）が察知したとしよう。その場合の選択肢としては、チャックに「家庭菜園の世話を引き受けてくれる臨時のお手伝いを手配しましょうか？」と尋ねる、チャックの友人のネットワークを利用して、そうした「臨時の助っ人」を見つける、ポッター社が「タスクラビット」のような仕事請負仲介サイトと提携しているなら、そこで助っ人を見つける、といった提案をするとか、実際に手配する、などが考えられる（ただしこういう仕事請負仲介サイトは、社会的、経済的にマイナスの影響を及ぼす可能性がゼロではないが）。とにかくこの場面でMMがするべきなのは、チャックに家を空ける期間を尋ねること（または、チャックを驚かせないよう、予定表など関連のデータストリームを調べる許可を得ること）と、もし

も「臨時の助っ人」を雇うなら、その費用の上限を尋ねることだ。さらに、そうした問い合わせは、今チャックのいる場所の現地時間に配慮して行わなければならないし、「臨時の助っ人」が決まった場合にはそれも知らせなければならない。

　次にゾーン制御式点滴灌漑システムについてだが、これはほぼ自動化されていると見てよい。このシステムは土壌湿度センサーから情報を受け取り、今植えられている野菜を現在地で育てる上で理想的な土壌湿度サイクルに照らし合わせて水やりを調整する。つまり（読者の参考になると思うので一応指摘だけはしておくが）これはこのシステムのコンポーネントの一時停止と再開であって、システムに何か不具合や問題が起きない限りチャックには関係してこない。システムのこの部分は通常レベルではほぼ自動化されていると見なしてよいのだ。

作物の成長の監視

　野菜や果物が成長するシーズンこそ、MMがエージェントとしての力をもっとも発揮できる時だ。作物や畑の土に問題がないか目を光らせ、必要に応じて水やりをする。そのためこの時期にはチャックへの状況報告も定期的に行われるが、とくに問題がなければチャック自身は何の作業もしなくてもよい。

　まずは、必要な訓練を終えた小型ドローンのBeeについて。荒天の日を除いて毎日、充電ベースを飛び立っては菜園内を回り、野菜や果樹ひとつひとつについて複数の写真を撮影し、それをサーバにアップロードする。もちろんチャックはそうした写真や、それを利用したタイムラプス写真［静止画をつないで動画に見せるもの］にアクセスできるが、この段階ではまだそれほど家庭菜園に入れ込んでいないだろうから、自分の出番がほとんどないこの時期にこうした写真を毎日見たがる可能性は低い。ただ、2、3cm成長したところでタイムラプス写真を見るというやり方には興味を示すかもしれない。「作物が2、3cm成長したところで、それをチャックに通知し、地面から芽が出て伸びていく様子をタイムラプス写真で見てもらう」という手法を試すテストメッセージを送ってみてはどうだろうか。

　また、前述のようにして撮影した写真や画像に、サーバで画像処理機能を施して、作物の枯れや病虫害の兆候がないか確認する必要も

ある。問題がないようならデータを保存するだけで、それ以上のアクションは不要だ。問題があるとシステムが確信した場合の処置は次章で詳しく解説するが、システムが確信を持てない場合、その作物の画像や動画をネットワーク上の誰かに送って質問するという手がある。たとえば専門家のアドバイスを得るにはポッター社の人が適任かもしれないし、同じサービスの利用者仲間のうち、園芸の経験が豊富で、とくに今問題になっている作物に詳しい人の意見を仰いでもよいかもしれない。チャック自身は作物の問題を見分けるのに必要な専門知識をまだ持ち合わせていないから、エージェントはこうして自分の属するネットワークを活用すべきなのだ。そして病虫害の処置が必要だとわかったら、もちろんMMは薬剤やそれを散布する道具などをチャックに紹介し、使い方を教えなければならない。

ユーザー自身による並行作業

　チャックは野菜や果物を手に入れたいだけではない。そういう目的ならスーパーへ行けばよい。庭が欲しいだけでもない。そういう目的なら本職の人に来てもらって木や草花や野菜を植えてもらえば事足りる。チャックがしたいのは家庭菜園の管理のしかたを学ぶことなのだ。とはいえ、あまり大変でも困るから、機械が得意な分野は機械に任せたいと思っている。

　こうした「学び」の目的で、チャックの家庭菜園のうち、MMに任せない部分を少し（この初期の段階には、たとえば30cm四方の小区画）を指定する方法がよいかもしれない。この部分はBeeで監視せず、栽培の比較的やさしい初心者向けの作物を植える他の部分とは違って、多少難しめの作物を植えてみる。そしてチャックには監視を促すメールを送るが、チャックのことだからうっかり忘れる可能性が高い。また、予定より早く実がなってしまったり、カタツムリに葉を食われてしまったりするかもしれない。だがそういう痛い失敗も実地の勉強、教訓と

Chapter 7 Everything Running Smoothly

して次回に活かせる。最初のうちはチャックには「監視」だけを任せる、というのでよいだろう。それをマスターできたら、次は水やりや施肥などの作業も任せてみる。この特別な小区画に関しては、エージェントは一歩さがってチャックの「学び」をバックアップするわけだ。こうすれば、菜園の他の部分に影響を与えることなく、チャックに新たなスキルを身に付けてもらえるだろう。

収穫

「収穫」は、チャックの忍耐と努力がようやく報われる時だが、これまでよりもチャックの出番が増える時期でもあるから、それなりにちょっとした「鳴り物入りの宣伝」が必要になる。この時期に向けて心やスケジュールの準備ができるよう、数週間前にチャック宛てのメッセージを送る。その時が来たらどんな作業をするのか、どんな楽しみが待っているか、期待を持たせよう。収穫物をどうするかについての興味を持たせる提案もするべきだ。たとえばこれまでの成長の様子を確認できるタイムラプス写真を見せたり、新鮮な野菜を利用したレシピや保存食（ジャムなど）のレシピを提案したりする。

この手のメッセージは、収穫のタイミングを逃さないよう出勤日でも休日でもかまわず送ってよいだろう。ベストな送信時刻はチャックの週単位の行動や居場所に関する情報を使えば推測できる。こうしたメッセージには、Beeが撮影し、映像処理プロセッサで役に立つヒントを添えた動画を付けるとよい——たとえばトマトなら、この状態の実なら収穫可、こちらはまだもう少しそのまま熟させたほうがよい、といった具合に指示を添える。

さらに、収穫した野菜や果物を手に持って自撮りをしては、と薦めてみるのもよいかもしれない。自撮り写真をタイムラプス写真とあわせてSNSに投稿し、いやみにならない程度に「自慢」をする。

収穫後

　土づくりや種まきなどの準備作業と同様に、収穫後にも後始末や手入れといった仕事がある。たとえばトマトなら、シーズンが終わった苗木の枯れ枝の処理などだ。これも大事な作業だが、ここでの目的からは逸れてしまうので詳細には触れない。ただ、そうした後始末や手入れが必要なことをMMがチャックに知らせるべきだという点だけは押さえておこう。

提案と学習

　この段階でエージェントにできることのひとつが「エージェントに指摘されなければ考えつきもしなかったであろうことを、ユーザーに発見してもらうこと」だ。たとえばMMによるエージェント型の家庭菜園を1年間首尾よく続けられたチャックに連絡を取り、その1年間がどん

なだったか振り返ってもらう。これに対するチャックの返答や、この1年間に得た情報（ミントは嫌い、コリアンダーは好き、など）を、エージェントはチャック向けのパーソナライゼーションに活用する。その後、次のシーズンの始まりが2〜3週間後に迫った時点で、エージェントはまたチャックに連絡を取り、次のシーズンのプランを提案する。今回挑戦するのに適した野菜や、多少扱いの難しい野菜を提案してみたり、菜園の拡張を勧めたり、これまではエージェント任せだった作業の一部を自分で試すよう促したりするわけだ。また、過去1年の間に起きてしまった問題を防ぐための提案をしてもよいだろう。

第8章
例外の処理

Chapter 8
Handling Exceptions

インタフェースの今後の行方は？	170
「信頼のジェットコースター」も要注意	170
リソースの制限	172
単純明快な操作	172
トリガーの調整	173
ビヘイビアの調整	182
ハンドオフとテイクバック	188
中断とユーザーの死	188
この章のまとめ── 例外処理は「関門」となりがち	189
ミスター・マグレガーによるエージェント型家庭菜園作り	191

筆者にとってはとびきりの思い出話を紹介しよう。中学1年の時だ。宿題が出た。米国の子供たちが大好きな定番の弁当「ピーナッツバターとジャムのサンドイッチ」のレシピを書いてこいという。「何か裏でもあるんじゃないか?」と疑りたくなるほど簡単な宿題だ。まあ、ともかく仕上げて、翌日学校へ行ってみると教室に準備がしてあった。台が出してあり、その上に(開封前の)食パン、(瓶詰めの)ピーナッツバター、(同じく瓶詰めの)ジャム、パン切りナイフ、それにタオルが置いてあった。タオル? 何のため? 先生は宿題のレシピをみんなから集めると1枚抜き出して、「じゃ、これから私はコンピュータになったふりをして、このレシピに書いてある指示に従ってみるわね」と言った。

先生はその1枚目のレシピの最初の指示を読み上げた——「1枚目の食パンにピーナッツバターをつける」。そしてピーナッツバターを蓋も開けずに瓶ごと、袋に入ったままの食パンの端っこにくっつけたのだ。みんな一瞬ポカンとしていたが、すぐ大爆笑になった。先生は次の指示へ進み、結局、2枚目、3枚目のレシピも同じように「厳密に」(というか意地悪に?)解釈して、変てこなことを次から次へとやってのけた。パンではなくその袋にジャムを塗りつける、ピーナッツバターやジャムを塗った面を外側にしてパンとパンを合わせる、バターナイフではなく手でピーナッツバターをパンに塗りたくる(タオルが用意してあったのは手を拭くためだった)などなど。

やがて先生は手を止め、説明してくれた。今先生がやったのはコンピュータの真似。コンピュータはあなたたちが書いたレシピの指示を「文字どおり」にしか理解できないの。私たち人間と違って、レシピに書かれていない情報を推測することができないんです。続いて先生は、じゃ、これから15分あげるから、ちゃんと食べられる「ピーナッツバターとジャムのサンドイッチ」がコンピュータにも作れるようなレシピというかプログラムに書き直してちょうだい、と言った。よし、世話の焼けるコンピュータにだって理解できるレシピにしてやろうじゃないか、と筆者も勇んで書き直した。その、筆者が直したレシピが、あの時先生に読まれることは、確かなかったと思う。だがあの授業で学んだことは忘れがたい思い出として記憶に刻まれた。つまり、コンピュータは人間とは違う思考法をするのだということ。だから人間から見れば「間違い」をよく起こすように思うが、コンピュータから見たら「ただ与えられた指示に従ったにすぎない」のだ。

この現象は、汎用AIが完成するまでは続くだろう。エージェント型技術では、

168　　　　　　　　　　　　　　　　　　　　　第8章 例外の処理

人間がどんなに頑張ったところで完璧なものなど作れない。人間には一般常識があるが、エージェントにはない（エージェントとはそういうものだ）。だから人間なら自然と気を配るようなことも見逃してしまったり、処理不能な状況に陥ったりする。そういうことなら、「エージェントはある時点でしくじるもの」という前提に立ち、同じしくじるにしても許容範囲内で、修正可能な形でしくじるようデザインしたいものだ。そのため、ここからはトリガーとビヘイビアの調整、タスク遂行の動向の通知、アラーム、ハンドオフ（引き継ぎ）のシナリオについて考えていく。

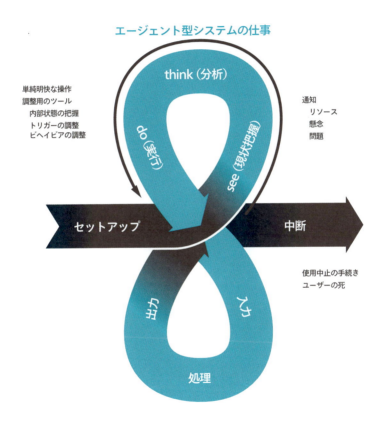

インタフェースの今後の行方は？

　物理的なコンポーネントから成るエージェントでは、エージェント全体が「インタフェース」として使われる場合がある。たとえばロボット掃除機「ルンバ」の前進をはばむためには、足を前に突き出して止めるだけだ。かと思うと、例外処理のインタフェースがエージェント上にある場合もあり、物理的なコントロール、7セグメントディスプレイ［全体が8の形をしている7本の「棒」を使って算用数字を表示するディスプレイ］、タッチスクリーン、音声対話のためのマイクとスピーカーなどがそれに当たる。ただ、インタフェースは必ずしもそのエージェント本体になければならないわけでもない。パソコンやスマートフォンなどのウェブインタフェースを使って例外の処理が簡単にできる、クラウドベースの手法に移行するデザイナーが増えているのだ。これならハードウェアのディスプレイやコントロールが不要になり、その分の経費が節減できる。その代わり、このタイプのシステムでは、アプリ、固有ID、クラウドでのやり取りのためのコンポーネントが必要になり、デザインの一環としてセキュリティ機能や認証のフローに配慮しなければならない。

「信頼のジェットコースター」も要注意

　このパートⅡでは、解説の流れに従い、具体例としてユースケースをあげてきたが、実際のデザイン現場では「ユーザーの信頼」と「失敗」という要素にも配慮が求められるので、事はもっと複雑だ。

　まず第一に、「ユーザーがエージェントに対して抱く信頼は、そのエージェントに託されるタスクの重要性や、そのタスクに伴うリスクの大きさに左右される」という点がある。失敗のリスクが小さければ、最初からかなりの割合で任せてもよいとユーザーは感じるものだ。たとえばルンバなら、リスクと言ってもせいぜい「床の清掃のし残し」だろう。しかし、ユーザーの健康や資産に影響を及ぼすエージェントともなればリスクも大きく、全面的に任せてもよいと思えるほど信頼が深まるには何年もかかる可能性がある。

　加えて次のような要因があるので、話はさらに複雑になる。

170　　　　　　　　　　　　　　　　　　　　　　　　　　　第8章　例外の処理

- **タスクの複雑さ**——タスクは、より小規模なサブタスクがいくつも合わさってできている場合が多い。それぞれのサブタスクは自動化されていたり、支援型あるいはエージェント型のものだったりする。そのうちのわずかひとつが失敗しても、全体に対するユーザーの信頼が損なわれかねない
- **段階的依頼**——最初はエージェントに小規模なタスクを任せるところから始め、それが首尾よく果たせたら、ユーザーはもうひと回り規模の大きなタスクや最終目標を達成するためのタスクを任せてもよいと判断する、といった具合に、依頼は段階を追うことが多い
- **提供する会社の評判**——エージェントを提供している組織のレベルで、プライバシーポリシーに不備があったり、ユーザーに多大な犠牲を強いるビジネスゴールを設定したりといった失策をしでかすと、ブランドが傷つき、その組織の提供するエージェントの信用問題にまでつながってしまう恐れがある

　厳密にどのレベルに達すればユーザーの信頼を勝ち得たと言えるのかはさておき、ユーザーは何十回、あるいは何百回というインタラクションを重ねる中で、システムが成功するたびに信頼感を強め、より大きな裁量権を与えていく。逆にシステムが失敗をしでかすと、復旧の手助けを強いられることになる。「この新しい設定（や新しいアルゴリズム）で大丈夫」という信頼感が持てるまでは、繰り返し作業を続けなければならない。信頼はインタラクションを何度も重ねながら徐々に築き上げられていくが、そういう地道な積み重ねが、2つ3つ失敗するだけで（大失敗ならわずか1回で）ガラガラと崩れ去る。たとえて言えば、まことに理不尽な「ジェットコースター」なのだ。
　さて、以上のような現況から引き出せるのが「エージェント型技術の仕事場はたいてい舞台裏だから、信頼こそがエージェント型システムのデザイン上の主要な問題」という考え方だ。そうしたユーザーの信頼を勝ち取る上できわめて重要なのが、例外やハンドオフ（引き継ぎ）をどう処理するかだ。したがって「例外やハンドオフの処理のしかた決める作業」が、開発側の主要な職務、ということになる。

リソースの制限

電池やハードディスクの容量、ネットワークの回線容量、「親しい友だち」の人数など、リソースに何らかの制限を設けていないシステムはまずないだろう。エージェントはこうしたリソースの状況を常時監視し、限界に近づいたり調整が必要になったりしたらユーザーに知らせなければならない。また、通知はユーザーが準備するための時間的余裕を考慮する必要がある。

たとえば「プロスペロ」は、小型のロボットが群で種まき作業をするエージェント型の農業用ロボットシステムで、人間には危険な地形の場所も含めて畑にすばやく種をまくことができる。ロボットが積んでいる種が減ってきたら、システムを操作している人に「1時間後に納屋に来て、ロボットの種を補充してください」といった通知が届かなければならない。この他、パソコン内のデータを定期的に自動バックアップするサービスであれば、容量が限界に近づいてきたらユーザーに知らせなければならないが、通知は何週間か前にすべきだろう。ユーザーがスケジュール調整をしてファイルを整理する時間を確保したり、バックアップ作業を一時停止したり、必要なら有料プランに切り替えてバックアップ容量を増やすなどの準備をするための時間的余裕を取って知らせるわけだ。

単純明快な操作

エージェントが操作するロボットが物理的な問題に直面することもあり得る。ルンバが家具の下の張り出し部分に引っかかって動かなくなったり、エージェント型の自動餌やり機のらせん状の刃が餌詰まりで動かなくなったり、船の自動操舵装置のハンドルを酔っ払った乗客が誤って動かしてしまったり。このような問題が発生したら、ユーザーに通知が行って、一大事になってしまう前に物理的修正が簡単にできるようでなければならない。

ルンバは、問題発生の直前にいた場所にユーザーの手で戻されなくても作動するようプログラムされている。自動餌やり機の刃は、餌詰まりが解消されれば回転を再開できる。船の自動操舵装置のハンドルは、ユーザーが手で元に戻してやればよい。人間のやることは正確、精密ではないから、エージェントは

人間に「正確、精密な修正」を期待はできない。

・・・

エージェントが、与えられた指示どおりにタスクを実行するのを妨げられるような状況に陥った場合、ユーザーがその個々の状況に関するデータを保存し、今後のために指示を修正できるようでなければならない。修正は「指示の調整」という形を取ればよいだろう。エージェントが、アクションを開始させるトリガーを調整するか、またはアクションそのものを調整するわけだ。この2つの調整法については、このすぐ後で詳しく解説する。

トリガーの調整

エージェントは、タスクを実行しようと流れてくるデータを監視している最中には、ユーザーから指定されたトリガーの条件が満たされたかどうかを確認している。この条件が、たとえば「1日のうちのある時刻」のように単純なイベントであれば問題が起こる可能性は低いが、複雑な場合には検知異常が起きることがある。検知異常には「フォールス・ポジティブ（偽陽性、まちがって適用してしまうもの）」と「フォールス・ネガティブ（偽陰性、まちがって適用しないもの）」の2種類がある。

フォールス・ポジティブの修正

検知異常のうち「フォールス・ポジティブ」に当たるのは、エージェントが「トリガー条件が満たされた」と判断したが、その判断が誤っていた、というケース、つまり「誤検知」だ。たとえば音楽のストリーミング配信サービスSpotifyがある歌を流したが、これがユーザーの好みではなかった、銃声検知システムShotSpotterが自動車のバックファイアを銃声と間違えて警察に知らせてしまった、ボルボの緊急自動ブレーキ機能付き衝突警報システムが蒸気の出ているマンホールの手前でブレーキをかけてしまった、などがこの例だ。

Chapter 8 Handling Exceptions

このような場合、エラーだということにユーザーが気づかないことはまずないから、ユーザーはエラーを解消しようとするはずだ。解消方法としては、「このケースをスキップ」と「トリガーの条件を調整する」の2種類がある。

とりあえずこのケースをスキップ

ある楽曲がユーザーの好みではなかったなど、フォールス・ポジティブの代償が小さくて済みそうな場合に備えるのであれば、「このケースをスキップ」という単純なメカニズムで事足りる。たとえば「今はロシアン・ターボ・ポルカなんてジャンルの曲、聴く気分じゃないが、また別の日だったら聴きたいと思うかも」といった時には「今はこの曲をスキップ」で対処すればよい。他の例もあげておこう。今、手のかかる料理を作っているからルンバをキッチンから蹴り出した、近所で射撃の競技会をやっているので、その音は無視するようShotSpotterに指示した、など。最後の例からは、競技会の開催場所と終了時刻といった詳細をスキップの指示に加える必要がある。

「とりあえずスキップ」は一時的な例外だ（ユーザーが永続的な例外やルールを追加すれば「トリガー条件の調整」ともみなせる）。だがエージェントは必ずしもユーザーの調整を待つ必要はない（この部分は非常にエージェントらしいところだ）。賢いエージェントなら、イベントのスキップの状況を記録し、スキップの理由を高い信頼度で推測できるかどうか判断できなければならない。高い信頼度で推測できる場合は、次にケースがスキップされようとする際それを認証するか否かに関する新しいルールを決めたり、（リスクが小さなエージェントに限られるが）その新しいルールを（ユーザーに確認せずに）トリガーのアルゴリズムに組み込んだりする。

タバコ関連株の売却のご依頼はこれで3度目です。今後タバコ関連株はすべて避けましょうか？

トリガーの変更

トリガーは、概念的にはエージェントのルールの半分を占める（残り半分はビヘイビアに関するもので、これについては「ビヘイビアの調整」の項で説明する）。そんなに大きな割合を占めるトリガーに不備があったらエージェントの価値そのものが疑われかねないから、トリガーが正常に作動するよう手を尽くすことは重要

だ。また、トリガーの調整がユーザーにとって有益なエージェントでは、適切な
トリガー調整用インタフェースを用意することも重要だ。

レビューの要請

　ボルボの緊急自動ブレーキ機能付き衝突警報システムを例にとって説明し
よう。このトラックは動く物体を検知し、その軌道を予測する。その動く物体の
中に衝突してきそうな動きをするものがあり、ドライバーのブレーキのかけ方が
遅いと判断したら、エージェント自身がブレーキをかける。「その後ドライバー
は、トラックを再発進させる前にエージェントを調整する（そして、その方法も知っ
ている）だろう」と期待するのは非現実的だし、だからといって「ドライバーはずっ
とこのことを覚えていて、あとでエージェントを調整する」と期待するのもまた非
現実的だ。だからこうした場合に備えるには、問題の発生時点でドライバーが
それを記録する手段を用意する、というのが最善の方法だ。ドライバーがエー
ジェントに問題発生を知らせると、エージェントが自動的にその場のデータを
最大限に捉えて保存し、さらにドライバーがコメントを加えられるようにしておく
のだ。このデータはエージェントが次にネットワークに接続した際にボルボへ
送られ、ボルボではそれを活用して全車両のアルゴリズムを調整する。

　似たようなフィードバックの手法が、モバイル版Googleマップでも使われて
いた。そのものズバリ、「シェイクでフィードバックを送信」と銘打った機能だ。
Googleマップのアプリを開いている状態でユーザーが（おそらく不具合にいらつい
て）本体を揺するとこのポップアップが開き、「フィードバックを送信」をタップす
ると、その時のアプリのスクリーンショットが他のフィードバックと共に開発者に
送信される。

　トリガー調整用のツールは対象領域によって大きく異なるが、この項のここか
ら先では事例をPandoraやSpotify等の音楽系エージェントに絞って解説して
いこうと思う。この種のエージェントは対象となるデータの量が多いし、インタ
ラクションも多くの人にとって馴染み深いからだ。

ブラックリストに追加

　たとえばこんなケース――「私はロシアン・ターボ・ポルカというジャンルの、
あるバンドの大ファンだが、このバンドが最近リリースした甘ったるいカント

リー・ラブバラードだけは耐えられない。それなのにこの曲が音楽配信サービスで再生リストに入ってしまったので、『いくらロシアン・ターボ・ポルカでもこればっかりは例外にしてくれ』とエージェントに指示しなくてはいけなくなった」。こんな時、「永久に無視」のオプションがあれば複雑なルール管理の手続きにタッチすることなく、すばやく例外指定ができる。ユーザーには、自分独自の評価をつけるなど、曲目リストを管理するためのオプションが必要だ（少なくとも、最初から特定の楽曲を排除するオプションぐらいは欲しい）。また、（これはユーザーの許可が必要だが）ユーザーが「永久に無視」の指定をした楽曲の「ブラックリスト」を開発者が共有できるようにすれば、この分野に対する微調整を行うのに有用な情報となるはずだ。

　ただ、こうした簡便なオプションが、どのような領域にも適するかというと、そうでもない。

　たいていの場合、エージェントは静かに例外を受け入れて作業を続けられるようでなければならない。しかしそのエージェントの今後のパフォーマンスを大きく左右するような例外が追加されたら、ユーザー自身が判断、対処できるよう、邪魔にならない形でユーザーに知らせる必要があるだろう。

ルールの追加や修正

　「こんなフォールス・ポジティブは2度と起きてほしくない」と思う場面も時にはあるはずだ。このような場合には、全般的なルールのひとつを修正するか、あるいは新ルールを加える必要がある。失敗した場合の代償が小さく、推論アルゴリズムの信頼度が高い時には、同じフォールス・ポジティブが2度と起きないよう自動的に取り計らわれるようにしてかまわない。だが代償が大きな時、あるいは推論アルゴリズムの信頼度が低い時（たとえば前掲のタバコ関連株の事例のような場合）は、エージェントが提案する変更をユーザーが確認できるようにしたほうがよい。ただし代償が大きな時、またはユーザー自身が調整する必要がある時は、ユーザー自身による手動管理を支援できなければならない。これは簡単に実装できることではない。というのも、一見単純明快に思えるルールでも、ちょっと手を加えるだけでたちまち複雑化してしまうからだ――たとえばこんな感じに。

単純――カントリーミュージックは再生しない。

普通――1979年以前に録音されたカントリーミュージックを再生。

複雑――「カントリー」か「ウェスタン」のジャンルに分類され、1979年以前に録音された楽曲、あるいは「オルタナティブカントリー」に分類され、1980年から1993年までに録音されたもので、テーマが「プログレッシブ」の楽曲を再生。

　これを目にした読者がデータベース操作用の言語であるSQLに詳しい人なら、「ああこれは、大きく2つの節からなるな」と思うだろうし、SQLを知らない人なら「人間、好みという点ではかなり細かいところまでこだわることもあるから、それをコンピュータに理解できるよう秩序立てて記述すること自体、複雑で大変な作業なのだろう」と推測するかもしれない。筆者はこれまで、職務の一環としてこの種のコントロールのデザインを10件以上手がけてきたが、その際にベースにしたのがそれ以前の職場で同僚と共有していたパターンで、それを元に作り上げたコントロールの主要部分を下に公開する。

このツールをわれわれはCNLB（constrained natural language builder: 語彙を限定した自然言語による検索条件指定ツール）と呼んでいる。もちろんこれも、この問題への対処法のひとつにすぎないが、筆者が関与した複数のチームが複数の異なる分野のデザインを進める過程で進化を遂げてきたものであり、また心理学および言語学的な知見に基づいたものだ。

CNLB

CNLBのユーザーにはフォールス・ポジティブの文脈でルールを調整してもらおう。そうすればフォールス・ポジティブとなったケースがなぜ「該当ケース」と判断されてしまったのか、その理由を明らかすることができるし、ユーザーがそれを踏まえて検索条件をさらに細かく調整することも可能になる。

トリガーは平易な日常語で記述し、調整可能な要素はハイライトで表示する。また、ボックスにすでに表示されている節は削除できるようにし、そこに別の節を追加するための明確なツールも用意する。ユーザーがパラメータやオペレータ（ANDやORなど）を修正したい場合に備えて、使用可能なオプションも提示する。こうすればユーザーがそうしたパラメータやオペレータを記憶する必要がない（理想を言えば、こうした修正はまれにしかやらないだろうから、特別な専門知識が不要な作りにすべきなのだ）。オペレータは常になるべく平易な言葉で記述する。変数を調整するためのツールは、入力しやすく、間違えにくいものにする。

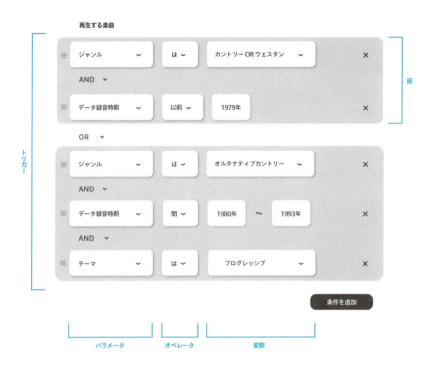

　以上のコントロールの隣には、新しい条件で検索した場合の結果を表示するプレビューを忘れずに作ろう。その際、ぎりぎりで選ばれたものや、ぎりぎりで選に漏れたものなど、「エッジケース」が表示されない恐れがあるから、そうしたエッジケースも含めた結果全体を表示するようにしなければならない。たとえば筆者の場合、好きな曲のうち「カントリー」のジャンルに分類されるものは一握りしかなく、オルタナティブカントリーなどエッジケースに当たるものが結構あるから、たとえ筆者自身が設定した検索条件の該当曲をすべて表示する設計にしたとしても、選に漏れるケースが出てくる可能性は否定できない。これでは本当にこの新しい検索条件でよいのかどうか判断できない。だから次の3つのケースに該当する楽曲をすべて表示するようにすべきなのだ。

- トリガーの新条件を満たすが、前の条件でも選ばれたケース
- トリガーの新条件をぎりぎりで満たすケース
- トリガーの新条件をぎりぎりで満たさないケース

Chapter 8 Handling Exceptions

こうすればユーザーはルールの微調整を重ね、最終的には条件についても検索結果についても満足の行くものに仕上げることができる。画面に余裕があるなら、エッジケースを含めた全検索結果を表示する部分の他に、また別の表示スペースを設け、そこにはエッジケースだけでなく全体からの抽出サンプルの例を表示させることもできるようにしたらよいだろう。だがこれは最重要事項ではない。

　もちろん音楽系エージェントは失敗の際の代償が大きくないから、本来これほど徹底した微調整など不要なのだが、失敗の代償が大きく説明の難しい分野（金融、医療、安全など）のエージェントに比べて、解説の具体例に使いやすかったのでここで用いた。

　以上、CNLBの基本構造を紹介した。これについてはこの章の、ビヘイビアに関するルールの修正の説明でまた触れる。

　最後にルールの修正の手段についてひと言。ルールを音声入力する手法は、コンピュータによる言語の理解や表現が現時点ではまだ完璧ではないから、時期尚早だと思う。単純明快でユーザーにも推測しやすいルールのエージェントでなら使えるかもしれないが、影響の強いルールや広範囲にわたるルールは視覚表現を介して調整するほうが効果的だ。

フォールス・ネガティブの提示

　検知異常のうちの「フォールス・ネガティブ」に当たるのは「検知漏れ」「見逃し」だ。エージェントがあるケースをスキップしたが、スキップすべきではなかった、というケースがこれに当たる。すでにあげた具体例で言えば、Spotifyが、もしも再生されていればユーザーが大喜びしたであろう楽曲をリストに入れ損なった、ShotSpotterが本物の発砲音を無視した、ボルボの緊急自動ブレーキ機能付き衝突警報システムが、子供のボールが飛んできたのにブレーキをかけなかった、といった状況だ。

　フォールス・ネガティブの中には、ユーザーが確実に気づくものもある。これが当てはまるのは、ボルボの緊急自動ブレーキ機能付き衝突警報システムのブレーキ制御など、ユーザーが何かを回避するのを助けるエージェントだ。たとえボールをはねてしまってからでも、子供がボールを追いかけて来るといけない

から、運転手は急ブレーキを踏むはずだ。そして、ブレーキ制御は何をやってたんだと首をかしげ、今後はボールが跳ねてきた時にも停止するよう学習させなくちゃ、と考える。

しかしほとんどのフォールス・ネガティブはユーザーに気づかれることなく終わる——聴かれずに終わる楽曲、発砲音が通報されず逃げおおせる犯罪者などだ。

こうした場合の解決策は「ぎりぎりのところで選ばれなかったケースを時折提示する」というものだ。そうやって、現行の検索条件でよいのかどうかユーザーに確認する。思うに、スパム・フィルターも多分この方法を使っているのではなかろうか。スパムメールと知りつつ、あえて時折すり抜けさせ、フィルタリングのエージェントがユーザーに代わってしっかり働いていますよ、と印象づける一方、最近「迷惑メール」に分類されたものにも一応目を通しておいてくださいねと促すわけだ。この、「選に漏れたケースのリスト」の中から選んだ例外を「ホワイトリストに追加する」ことによって、ユーザーは「これは例外だからね」と宣言することができる。

ホワイトリストに追加

フォールス・ポジティブの場合と同様にフォールス・ネガティブでも、ユーザーが自分の希望を明示できるようにするべきなのだ。「このケースは拒絶の条件を満たしてはいるけれども、トリガーを有効にしてほしい」という希望を。理由まで聞く必要はないが、エージェントの知能を高める上では、なぜこのケースを例外扱いにしたのかを明かす機会をユーザーに提供することが望ましい（理由は「アーティスト」か、それとも「ジャンル」か、あるいは「曲のテンポ」だろうか）。リスクが小さな分野を対象にする賢いエージェントなら、ユーザーがあるケースを例外扱いにした理由をエージェント自身が推測し、暗示的にルールを更新するようにしてかまわないだろう。リスクが大きな分野が対象の場合には、エージェントが推測に基づいて修正したルールをユーザーに確認してもらうようにするか、またはルールの追加・修正用のツールへのアクセス手段をユーザーに提示するようにする。そして、ホワイトリストと、そこに追加されたケースが結果的に「破る」ことになったルールとを（ユーザーの許可が得られれば）開発者に送るようにするとよい。開発者側はこれをAI改善のために活用する。

ルールの追加や修正

拒絶の条件を満たしているとエージェントが判断したケースのリストは、ユーザーが再確認できるよう、閲覧可能な状態にしておこう。このリストにはすべての該当ケースを含めるべきだが、エージェントの推測の信頼度が低かったエッジケースだけを確認するための簡易確認フィルターも用意する必要がある。これ以外の点については、少し前に「フォールス・ポジティブの修正」の項で紹介したルールの管理と共通だ。

ビヘイビアの調整

「トリガー」はエージェントにアクションを取るべきタイミングを知らせる「スイッチ」だ。これに対して「ビヘイビア」は、目標とその達成方法を記述し、どのように動作したらよいかをエージェントに伝えるものだ。概念的に見ればビヘイビアはエージェントのルールの半分を占める。そんなに大きな割合を占めるビヘイビアに不備があったらエージェントの価値そのものが疑われかねないから、ビヘイビアのインタフェースは使いやすく効果的なものでなければならない。

エージェントの中には、ビヘイビアが固定されていて修正できないものもある。たとえばルンバが、自身の作業場所となる家の間取りや、カーペットの汚れやすい箇所などを学習することはない（少なくとも本書の執筆時点では、ない）。どんな間取りの家でも極力広範囲を掃除することを主眼として、製造元のアイロボット社が開発したアルゴリズムに従っている。ユーザーがルンバを持ち上げ、今とくに集中的に掃除してもらいたい場所へ運んでいって床に下ろす、といった方法はもちろん「あり」だが、これはむしろ「ユーザーによる並行作業」に分類できる使用法だ（第7章「万事順調に作動中」を参照）。ビヘイビアの調整とは、目標を変更したり、目標の達成方法を修正したりすることなのだ。

182　　　　　　　　　　　　　　　　　　　　第8章　例外の処理

目標の修正

　「目標」とは、一定の時間内にエージェントが到達しようと努める「値」のこと
だ。たとえばネスト・サーモスタットなら、もちろん「快適な状態を保つ」といっ
た究極の目標はあるが、その究極の目標を達成するには現在の室内の気温や
湿度、日時や現在位置に関する情報が必要である他、ユーザーからも好みの
室温や湿度を入力してもらわなければならない。また、船の自動操舵装置なら
方角や目的地、目標到着時刻を入力してもらわなければならない。

　単純なエージェントでは目標が内蔵されている場合が多い。筆者のルンバは
常に床の掃除しかしない。「ナラティブクリップ」は常に筆者のライフログ作成
だけを手伝ってくれる。害獣撃退エージェント「オービット・ヤード・エンフォー
サー」は、モーションセンサーを作動させた動物を追い払うためにスプリンク
ラーを始動させるという仕事だけをする。これに対して、より洗練された（複雑
な）エージェントでは、事前に、または途中に、目標を修正できる。

　目標修正のツールのデザインは対象領域によってさまざまだ。船の自動操舵
装置なら、ユーザーがダイアルを回して方角を指定するという手法を取るだろう
し、図書館業務支援システムならWIMP（ウィンドウ、アイコン、メニュー、ポインティ
ングデバイス）が完備したインタフェースが必要だ。ユーザーが使うツールのこう
したインタフェースを作成する際には、HCI（ヒューマン・コンピュータ・インタフェー
ス）やIxD（インタラクションデザイン）、UX（ユーザーエクスペリエンス）の分野の研
究機関や業界で開発、活用されてきたパターンやベストプラクティスが役立つ
と思う。そうしたパターンを解説するのは本書の目的ではないが、すでに何十
年にもわたって蓄積されてきた有益なリソースがある。

メソッドの修正

　「メソッド」とは、エージェントがユーザーの目標を達成しようとする際のさま
ざまな実行方法を指す。ユーザーが制約を設定した場合、これもメソッドに含
まれる。たとえばAI投資アドバイザーがユーザーの老後資金確保プランについ
て、高リスクを承知で積極的に投資を進めることも、低リスクで慎重に進め
ることもできるが、ユーザーに代わって決断を下すことはできない。アルコール、

ギャンブル、タバコなどに関連する非倫理的企業への投資を避けるよう指示したり、逆に、こうした景気後退の影響を受けにくい株に重点的に投資するよう指示したりするのはユーザー自身なのだ。

このようなメソッドをユーザーが調整するためのツールは、物理的なものにすることも、仮想的なものにすることも可能だ。ボット内蔵のエージェントや物理的スペースに存在するエージェントなら物理的な調整法でもよいだろう。デジタルエージェント用に物理的なコントロールを用意することも不可能ではないが、たいていは仮想的なメソッドが採用される。

物理的デモンストレーション——ユーザー自身が手本を見せる

ユーザー自身がルンバを特定の場所へ運んで行き、そこを掃除させる。これを5、6回繰り返すようなことがあれば、本来ならルンバ自身が気を利かせて、次回からはまずその場所へ行って掃除を始めるようになるべきなのだが、現時点ではまだルンバにはそういうことができない。この例でユーザーがルンバにやって見せたのは「ポジティブな調整」だ。つまりユーザーがエージェントに「今私がやって見せるからね」と言って実演した。他方、ルンバがキッチンの熱いオーブンに近づきすぎないよう、無線LANによる「バーチャルウォール」で進入禁止エリアを設定した、というのは物理的に制約を設定する「ネガティブな調整」だ。そしてテスラの自動運転車へヘアピンカーブの走行のしかたをユーザー自身が実演して教えるのは「物理的デモンストレーション」だ。また、農業用ロボットシステム「プロスペロ」で、群で作業をするロボットの1台が種をまいている最中に上から手で押し、もう少し深く穴を掘るよう示した上で、「仲間にもこの深さにまくよう伝えて。このほうがよく根が張るから」と指示する、というのも「物理的デモンストレーション」の事例であると同時に、エージェントのひとつが自分の得た情報を仲間と共有する手法の事例でもある。こうした物理的デモンストレーションは、エージェントが物体であり、ユーザーが容易に「実演」できる技能や知識を有する場合に功を奏する。

仮想的なインタフェース——ユーザーが指示を出す

物理的なインタフェースがどのエージェントにも適するとは限らない。適さない場合、メソッドを理解、追加、修正するためのインタフェースは仮想的なも

のとなる。具体的には、会話によるチャットボットや、WIMPを完備したインタフェースなどがそれに当たる。目標修正のためのツールの場合と同様、実際にどのようなものにするかはインタラクションデザインに依存する。そんなわけで、あるエージェントに適するパターンは、そのエージェントならではの要件に従って選ぶことになるが、参考になるユースケースもないわけではない。

オプションメニュー

ごく一般的な方法がある場合はそれを活用して、単純明快なモードの中からひとつを選んでもらうオプション方式にしてもよいだろう。たとえば古野電気のオートパイロットNAVpilot-711C【注1】の「フィッシュハンター」という機能。ソナーで魚群や海底の地勢を確認したあと、この機能をオンにして、「スパイラル」「8の字」「スクエア」「ジグザグ」「円」の5種類のパターン走行からひとつを選べば、目的地までそのパターンで自動操船させることができる。ユーザーが必要な操作はパターン走行をひとつ選択することだけだ。このように一般的な方法やよく使われそうな方法を集めたオプションメニューを用意すれば、細かく指示しなければならない重荷からユーザーを解放できる。ただし「いろいろ調べて最適なオプションを提示すること」がデザイナーの課題となるが。

---

1 http://www.furuno.com/jp/products/autopilot/NAVpilot-711C

Chapter 8 Handling Exceptions

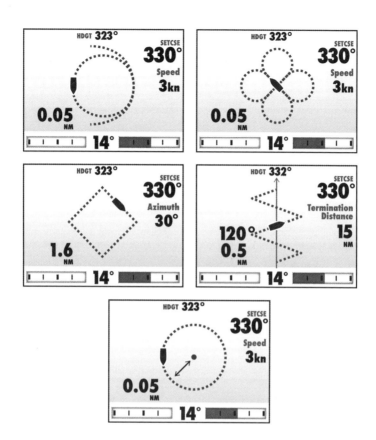

事例の共有——ユーザーが事例を提示する

　「ユーザーは、容易に実演できる技や知識は持ち合わせてはいないが、適切な事例をエージェントに示して解析させることなら可能」という状況であれば、ユーザーはエージェントに「この例みたいにやって」と指示するだけで済む。これまで使っていたネスト・サーモスタットが壊れてしまったので、新しく買ってきたものに今までとまったく同じ方法で温度管理をするよう命じる——これを可能にする機能は、あって当然だ。しかし祖父が使っていた旧型のネスト・サーモスタットを運んで来て自宅のエアコンに取り付け、「おじぃちゃんちでやってたとおりにやって」と命じる機能となると、「おじぃちゃんちでやってた」時のデータが使えるかどうかにかかってくる。プライバシー保護の問題が絡んでくるので無理かもしれない。

自然言語を使った指示によるルールの修正

　メニューを単純な選択肢にするには個々の使用法が違いすぎるという場合、あるいは単純な選択肢の他に「パワー・オプション」も用意したら便利だろうと判断される場合に備えて、「語彙を限定した自然言語による記述」をいくつか用意するとよいかもしれない。前のほうの章で事例としてすでに紹介した、ツールを使う際のメソッドを微調整するためのものだ。まずは通常のメソッドを見てほしい。

- …室温を15℃から30℃の間で維持
- …第14区画の土壌湿度を、ラディッシュに最適なレベルで維持
- …「迷惑メール」というラベルを付けて「ゴミ箱」に入れる

　こうしたメソッドをユーザーにゼロから作成してもらうのではなく、賢い<ruby>デフォルト<rt>スマートな</rt></ruby>（語彙を限定した自然言語による記述）を示し、それを修正してもらうわけだ。トリガーとメソッドは、その両方がルールを構成する要素であるため、一緒に提示する必要があることに注意が必要だ。

- 【家族全員が留守の時は】室温を15℃から30℃の間で維持
- 【春の間は】第14区画の土壌湿度をラディッシュに最適なレベルで維持
- 【「Canadian Pharmacy」の句が含まれている新着メールの「差出人」が「連絡先」にない場合】「迷惑メール」のラベルを付けて「ゴミ箱」に入れる

　将来、ユーザーが複雑なエージェントのために構造のしっかりしたルールセットを作って、それを公開、共有したり、販売したりする日が来るかもしれない。さらに（たとえばネスト・サーモスタット用の「省エネモード」のルールセットなど）自作のルールセットをアップロードできるマーケットプレイスまで登場して、他のみんなと修正し合ったりレビューを書き合ったりするかもしれない。

Chapter 8　Handling Exceptions

ハンドオフとテイクバック

　あれこれ予測し、必要な措置を講じはしたものの、エージェント自身には処理不能な状況に陥ってしまった——そんな時、エージェントはユーザーに「私がタスクを続行できるよう、ルールは修正しないでください。ただし主導権はお返ししますので、よろしく」と要請する必要があるだろう。これはハンドオフ（引き継ぎ）と呼ばれるアクションだ。その後、ユーザーがエージェントに主導権_{コントロール}を返すアクションは「テイクバック」と呼ばれる。これとはまた別に、第7章で紹介した「ユーザー自身による並行作業」がある。こちらはエージェントが作業をこなしている最中にユーザー自身もそのツールを並行して使うことを望んでいる、という状況だ。ハンドオフとテイクバックは重要な問題なので、第9章を丸々使って詳しく説明する。

　とはいえ、どのエージェントでもハンドオフのシナリオを検討しなければならないわけではない。たとえばネスト・サーモスタットが対処不能な状況というのは極寒あるいは熱暑を意味し、「サーモスタットの調整」を云々してなどいられない深刻な状況だ。同様にSpotifyで音楽が流れないというのは、エージェントの選曲能力の問題ではなく、ネットワーク障害による現象かもしれない。それに音楽配信系のエージェントのリスクは小さい。選曲するか否か判断しにくい楽曲をひとつぐらい飛ばしても問題にはならないはずだ。気にする者などいない。

中断とユーザーの死

　ユーザーが中断を望むなら、理由の説明など求めずに、いさぎよく受け入れるべきだ。無理やり引き止めるのはユーザーに対して失礼だし、ビジネスとしても好ましくない。中断の手続きが（丁重かつ楽しめるやり方で、とまでは言わないが）少なくとも楽にできるデザインを心がける必要がある。こうした「オプトアウト」のためのコントロールへは、エージェントがユーザーに送信する通知からアクセスできるようにするのが自然なやり方だが、たとえばインターネットオークションサイトeBayなど、エージェントの側から中止を持ち掛ける手法を採っている

ものもある。eBayの場合は「followed searches［継続的検索］」という機能で
この手法が用いられている——「映画『ガーベッジ・ペイル・キッズ』のベータ版
ビデオは、この2、3年、ひとつも出品されておりません。この製品の持続検索を
中止しますか?」といった具合だ。

　ユーザーが死亡するというのも、また別の、扱いの難しい微妙な状況だ。
エージェントによっては、亡くなったユーザーを突き止めて登録を抹消するなど
の訂正作業をしても大して意味のない場合がある。たとえば通販サイトのエー
ジェントが、ある亡くなったユーザーが生前に希望していたサイズのシャツの検
索を続けていて、該当する商品が見つかったので、もう使われていないメール
アドレスに知らせるといったケースだが、この作業を続けても別に問題にはなら
ない。せいぜい偶然誰かがその後、同じアドレスで登録し、そこへ通知が届い
て「雑音」となる程度だろう。しかしそれ以外のエージェント、たとえばベターメ
ント社のロボット・ファイナンシャルプランナーなどの場合には、ユーザーが亡く
なったことを察知したら、（遺言を残さずに亡くなった人の財産相続権を与えられる）
最近親者を探し出し、今後のタスクを「資産運用の計画と投資」から「遺産相
続」に移行する必要がある。

（この章のまとめ）

例外処理は「関門」となりがち

　例外なんてめったに起こらないから、大して重要じゃない —— そう
思いたい気持ちはわかる。だが例外が起きた時というのはユーザー
がエージェントに関与すべき度合いが特に高まる時だから、実は大
変重要なのだ。こうした時に備えてグレースフル・デグラデーション［た
とえ問題が発生したとしても、機能を完全に喪失するのではなく、可能な範
囲内で機能を維持するという実装法］を採用しないと、さらなるトラブル
を招いてエージェントの存在価値そのものを疑われ、使用中止の憂

Chapter 8 Handling Exceptions　　　　　　　　　　　　　　　189

き目にあう恐れがある。「このエージェントはもう必要がなくなったから」という個人的な理由で使用を中止されるのなら構わないが、要不要ではなくデザイン上の不備が理由なら残念すぎる。そうした経緯でこの章では、以下のように例外処理のおもな注意点やコツ等を紹介した。

- **リソースの制限** —— 必要なリソースが減少して限界に近づいた時、その現状をユーザーに知らせ、もっとも容易な対策も提案する
- **単純明快な操作** —— ロボット型のエージェントで例外のケースが生じた場合、ユーザーがこれを物理的に修正でき、修正後はエージェントがタスクをシームレスに再開できるようでなければならない
- **トリガーの調整** —— エージェントが本来なら反応すべきでないことに反応してしまった場合に備えて、ユーザーが修正作業を容易にできるようなコントロールを準備する
- **ビヘイビアの調整** —— エージェントが好ましくないビヘイビアをした場合に備えて、ユーザーが修正作業を簡単にできるようなコントロールを準備する
- **中断とユーザーの死** —— ユーザーが使用中止を決めた時や、ユーザー自身が死亡した時には、エージェントがそれを察知し、必要な中止手続きをスマートかつスムーズに取れるようなデザインにする。ユーザー自身が死亡した場合、別の人物への主導権の引き渡しが妥当ならそうすべきだが、死亡の事実や相続人の確認が難しい場合もあり得るから「休止（ハイバーネーション）モード」も用意しておく

ミスター・マグレガーによる
エージェント型家庭菜園作り

例外の処理

　前章のこのコラムでは、ミスター・マグレガー（MM）を使った家庭菜園の管理のうち、ルーティン作業を想定する際にエージェント型の思考がいかに役立つかを紹介した。今回は、例外の発生という厄介な場面に関しても、いかにエージェント型の思考が役立ち得るかを紹介する。例外処理については次の第9章でも扱う。

オエッ

　今シーズン、チャックはMMの提案を受け入れてケールを植えてみた。栽培は成功し、見事育ったケールの葉をさっそく畑でちぎって食べてみたが、イマイチかも、という印象だった。けれどMMが「ケールのフリッター」のレシピを紹介してくれたので、ひとまずそれを試してみようと決心、やがて「収穫日です」とMMから通知が届いたので適量を収穫し、レシピどおりに調理して、試食をしたら吐きそうなほどまずかった。料理のしかたが悪かったのかとも思い直し、とりあえず次のレシピ「ケールと豆のスープ」を試してみることに。だがこれもダメ。そこでチャックは「ケールはおれの好みじゃないんだ」と判断し、スマートフォンを引っつかむとアプリを開いて「ケールはダメだ」と告げた。

　するとMMが、畑に残ったケールの処分方法をいくつか提案してくれた。コンポストで作る肥料の材料にする、生活困窮者向けの給食サービスに寄贈する、『ミスター・マグレガー・ネットワーク』にアップして他の作物と交換してくれるメンバーを募る。どの方法を採用するにしても、必要な手配はMMが助けてくれるし、チャックのプロファイルに関するルールも調整してくれる。今後に備えて「チャックはケールが大嫌い」という情報を記録するのはもちろんのこと、苦味のある野菜全般を要注意扱いにし、今後ケール以外にも嫌いな野菜が2つ3つチャックから報告されたら、「チャックは苦味がダメ」ということでルールの変更もあり得る。

ビーッビーッビーッ、
身動きが取れなくなってしまいました

　ある日、職場から帰って来たチャックが家に近づいていくと、「小型ドローンのBeeが菜園を周回するルーティンタスクを完遂できず、動けなくなっています」というメッセージが届いた。このメッセージにはBeeがスリープモードに切り替わる寸前に撮った写真が1枚添えられていたが、全体に暗くて何が何だかよくわからない。MMによると、Beeは今、菜園にいて、チャックに音で居場所を知らせるために回転翼（ローター）を動かすことは可能だという。そこでBeeにローターを回させてみると、音は茂みの中から響いてきたから、それをたどってBeeを見つけ、「もうローターを止めさせて」とMMに指示し、回転が止まったところでBeeをつかんで充電ベースに戻してやった。するとMMが「今日の菜園のチェックは代わりにあなた自身がやってはどうでしょう？　どんな点をチェックしたらよいかはお教えしますから」と提案してきた。

さらなるデータ

　その後のある日、Beeの撮影画像を分析した画像プロセッサが、チャックの作物の上をアリが数匹這っているのを指摘してきた。葉裏にアブラムシが巣食っている可能性が高いことを示す兆候だ。Beeはさまざまな角度で飛んでみたが、葉裏がどうしても確認できなかったので、画像をもう2、3枚撮影し、チャックが帰宅した時に送付するメッセージに添付した。問題発生の可能性を知らせ、必要な対処法を提案するメッセージだ。これを読んだチャックが問題の葉をひっくり返してみると、たしかに何かが付いているが、それが正確に何なのかはわからない。そこでそれの写真を撮ってMMに送信。MMは（第7章のこのコラムの「作物の成長の監視」で紹介したシナリオと同様に）これをネットワークに流し、それを受けて「たしかにアブラムシが巣食っています」

との回答を得たため、今度はこれをチャックに転送。その際、「殺虫剤に頼る前に試してみてもよい簡単な対処法」もいくつか添えた。

霜よけ

テキサス州オースティンで霜が降りるのはせいぜい年に1度ぐらいだが、家庭菜園を持つ身としては霜への注意を怠れない。さいわいMMは暦や天気に関するデータにアクセスできるから、霜が予想される場合はチャックに事前に知らせ、霜除け対策を助けることもできる。たとえ霜害に強い品種を一部植えてあるとしても、マイナス3.9℃以下の状態が2時間続いたらMMはチャックにこんな警告メールを送る必要がある——「コートを着て菜園へ行き、作物に毛布をかぶせるか、トンネル上に保温シートで覆うかしないと、霜害を被る恐れがあります」。チャックが調べてみると、ありがたいことに保温シートもトンネル支柱もストックがあった。寒波の到来を察知したMMが、今月の予算を確認した上で自動注文してくれていたのだ。

近隣の野生動物

ある日、充電ベースにいたBeeが家庭菜園で常ならぬ動きを察知し、その動画を撮影して、職場にいるチャックに送ってきた。見ると、鹿が1匹、チャックの菜園のニンジンをむしゃむしゃやっている。「脅かして追っ払ってくれ」と指示し、ライブ映像に接続して見守っていると、Beeが回転翼を始動させて飛び立ち、鹿に接近、間髪を入れずスズメバチの羽音を発したので、鹿は飛び上がり、一目散に逃げていった。Beeは充電ベースに戻ってライブ映像を終了。これに対してチャックは「Beeには、菜園で動物を見つけたら必ず今回みたいにやって欲しい」と命じた。大きな公園のすぐ隣に住んでいるからこそ必要な作業だ。

194　　　　　　　　　　　　　　　　　　第8章 例外の処理

　　　　　　　　　　　・・・

　以上の具体例から、エージェントが対象のデータストリームを監視
し、目標と制約に配慮しつつチャックを支援する様子が想像できたと
思う。エージェントが自分では処理できない問題にぶつかった時には
チャックの助けを求め、協力して解決に当たる場面もあったから、これ
も参考になったのではないだろうか。

第9章
ハンドオフとテイクバック

Chapter 9
Handoff and Takeback

つまりAIなど不要？	199
注意力が持続するのは30分	201
専門的な知識・技能の劣化	202
第三者へのハンドオフ	202
ユーザーへのハンドオフ	203
テイクバック	208
この章のまとめ── ハンドオフとテイクバックはエージェント型システムのアキレス腱	209

第4章で触れたように、オートメーションやエージェント型という考え方は、もともとコンピュータのリソースが乏しく、コンピュータシステムが決定的に重要な役割をした時代に発展したものだ。だから工場のシステムの不具合で莫大な資金が無駄になってしまったり、飛行機が墜落して乗員全員が犠牲になったり、戦争に負け多数の命が奪われたりする可能性も小さくはなかった。

　同じ章でさらにこんな指摘もした——自動化やエージェントにまつわる初期のコンセプトの多くが前提にしていたのは「そのシステムでは、普段はコンピュータが人間の代役を果たし、故障が起きたら人間がタスクを引き継ぎ、『フェイルセーフ』の働きをする」というものだった。これは当時としては理にかなった考え方だった。というのも、コンピュータは作業をすばやく正確にこなせるし、定型的な作業に計り知れない忍耐力と集中力をもって当たれるからだ。

　しかしやがて「コンピュータが完全に人間の代役を果たす」という構図は実現しそうにないことが明らかになった。コンピュータに作業の一部分を担当させるだけでも、そのシステムの性質が変わってしまうのだ。その一因は「パターン認識、帰納的推論、判断、関連する長期記憶へのアクセスのすばやさといった、人間ならではの重要な能力のいくつかがコンピュータに備わっていないこと」だ。加えて、コンピュータは自分なりの概念体系（世界モデル）に縛られてしまうので、変化を状況に照らし合わせて検知することや自身の世界モデルの範囲外の変化を検知することができないなど、変化への適応力が低い、という点もある。そのため人間が絶えず注意を払ってコンピュータの世界モデルを修正したり、混沌とした現実界でコンピュータの安定性を維持してやらなければならない。

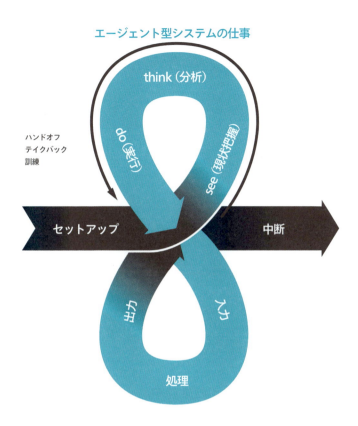

　以上のような状況を巧みに表したものがドナルド・ノーマンの「5歳児に皿洗いを頼んでも真の意味での手伝いにはならない」という比喩だ。始めから終わりまでそばに付いて、事故が起きないよう注意してやり、洗い方の説明などが理解できたか、どれぐらいはかどったか見守っていてやらなければならない。特化型AIもこの5歳児と変わらないのだ。

つまりAIなど不要？

　こうした能力的な問題に加えて、過去の自動化の取り組みには皮肉な現象

が伴った。そのひとつが、エージェントがあるために「問題発生時に作業を行う担当者の能力が落ちてしまう」という現象だ。障害の診断と、修正のシームレスな実行に必要な「システムの全体像」が頭の中で描けなくなってしまうのだ。（議論の余地はあるだろうが）さらに悪いことに、担当者は普段、対象の作業をエージェントに任せていて、その技術を磨く機会がないため、いざ事が起きても、初心者に毛の生えた程度の対応しかできない、と英国の心理学者リザン・ベインブリッジが指摘している【注1】。

　こうした問題やリスクがあまりにも大きかったことから、インタラクションデザインの権威ドナルド・ノーマンはこう断言した——「信頼性が非常に高い完全な自動化が無理であれば、自動化などするべきでない。それよりもコンピュータと人間が継続的に協働して成果を上げる支援型の技術を生み出すべきだ」【注2】。

　ただしリザン・ベインブリッジもドナルド・ノーマンも、故障の際のリスクが大きなシステムを念頭に置いていることが多い、という点は注意が必要だ。システム障害で起き得るのが飛行機の墜落ではなく、床の掃除のし残しだけだとしたらどうだろうか。あるいは、ハンドオフ（ユーザーへのタスクの引き継ぎ）とテイクバック（ハンドオフしたタスクのエージェントによる再引き受け）に失敗して生じ得る損害が、家の室温がうまく調整できなかった程度で済むとしたらどうだろうか。また、AI投資アドバイザーのように、人間のバイアスへの対策としてのエージェントであるため、ハンドオフすることがそもそも想定されていない場合はどうだろうか。さらには専門の知識や技術がなくても問題を修正できるエージェントの場合はどうだろうか。こうした、損失や損傷があまり大きくないシステムでなら、ハンドオフやテイクバックも十分可能かもしれない。その場合、エージェントとユーザーの間の責任と制御の受け渡しに関しては、以下の各節で議論するような点に配慮することが重要だ。

1　Bainbridge,L. Brief paper: Ironiesofautomation. *Automatica* (Journal of IFAC). (archive)
　　Vol. 19, Iss. 6, November, 1983, 775-779.
2　2014年にサンフランシスコ空港で開催されたAutomated Vehicles Symposium（自動運転に関
　　する専門会議）でノーマンが行った基調演説。テープ起こし原稿はコチラ —— http://www.jnd.
　　org/dn.mss/the_human_side_of_au.html

注意力が持続するのは30分

　人間は警戒や監視を長時間続けるのが苦手だ。第2次世界大戦中、英空軍に勤めていたノーマン・マックワースという研究者が、人間の注意・警戒状態の持続時間を調べる実験を行った。「黒い箱の上に点がひとつあり、それが時計の秒針の先のように円形に動いていく。通常は1秒間隔で動くが、たまに一気に2秒など不規則な動きをすることもある。この異常な動きは予測のつかないタイミングで起こる」という装置を作り、気の毒な被験者を約2メートル離れたところに座らせ、その異常な動きに気づいたらボタンを押す、という作業をなんと2時間もやらせて検出能力を調べた。その結果、30分を過ぎたあたりから検出能力がガクッと落ち込むことがわかった。この実験はテスト環境を改善するためのものではなかった。激戦の最中（さなか）にレーダー画面とのにらめっこを強いられていたパイロットや航空管制官が大量の情報にさらされても注意力を失わないよう支援し、人命を救いたいとの一念で行ったものだ。ドイツ機の接近といった重要なシグナルを見落とせば大勢の命が失われる、戦時中の実験だった。

NOTE　クロックテストの攻略法

> 　今では一般に「マックワースのクロックテスト」と呼ばれているこの退屈な実験の被験者になるチャンスなど、まずないだろうが、それでも万一そんな「またとない機会」に恵まれたら好成績を上げたいと思う人は、英国の人間工学の権威ブライアン・シャッケルの「How I Broke the Mackworth Clock Test［マックワースのクロックテストの攻略法］」と題する記事をネットで検索してほしい。

　故障した場合のリスクが大きなシステムでは、障害が起きてもただちに人間がタスクを引き継げるよう、「ユーザーがシステムを監視する方式」こそが解決法だと考える人がいるかもしれないが、上で紹介したように人間は警戒や監視を長時間続けるのが苦手だ。異常を検知する能力は30分を過ぎたあたりからガクッと落ち込む。だから30分程度の短時間に限れば監視も有効だろうが、実はハンドオフを実装しようとする際の問題は集中力の持続時間だけではない。

Chapter 9 Handoff and Takeback

専門的な知識・技能の劣化

　コンピュータに作業を委ねることの弊害のひとつは、「担当者がその作業をこなす能力が落ちるばかりか、いざコンピュータに処理不能な危機的状況が発生した場合にそれを解決する能力も低下してしまう」というものだ。その原因としてはまず、担当者が「ワザ」を磨く機会が減って認知技能や身体的技能のレベルが下がると共に、障害の診断に資するはずのシステム全体への理解も不十分となり、結果的に障害の解消も難しくなる、ということが考えられる。前述の英国の心理学者リザン・ベインブリッジが行った研究によれば、コンピュータにタスクを任せて「タスクマネージャー」となる以前に、そのタスクにまつわる専門の知識や技能を習得した第1世代の担当者であっても、例外の処理能力の衰えは顕著だったそうだ。だが、そもそもそうした専門の知識や技能を習得する機会をまったく持たない第2世代以降の担当者では、第1世代よりもさらに深刻な悪影響が認められたという。

　現状を見てみると、Googleの自動運転車など、「完全自動化を目指すのでユーザーの専門知識・技能は不要」というスタンスのシステムがある一方、テスラの現行の「準自動運転車」のように、ユーザーの一定レベルの関与を前提とするシステムもある。そこで浮き彫りになるのが「しょっちゅう磨かなくても鈍らない一定レベルの知識・技能をユーザーに維持してもらえるデザインとは？」という課題だ。

NOTE ユーザーを「おバカ」にするデザイン？

　　筆者が特化型AIの話をすると聞き手が一番不安がるのは「ユーザーの知識・技術の減退」だ。これはデザインの視点よりもむしろ文化的な視点から議論すべき問題なので、特別に1章を設けた（第12章を参照）。

第三者へのハンドオフ

　というわけで、エージェントからユーザーへのハンドオフをデザインする際、

ユーザーの注意・警戒状態は当てにならないし、ユーザーの専門知識・技術に頼れるか否かにも疑問の余地がある。訓練が有効な場合もあるが（この後の「実地訓練」の項を参照）、消費者向けのエージェントで「訓練」など煩雑すぎるケースもあるだろう。この、ユーザーの専門知識・技術の問題の対処法のひとつとして考えられるのが、タスクをユーザーではなく遠隔オペレータにハンドオフする手法だ。自動運転車を例にとって考えてみよう。たとえば片田舎のどこかに専用のオフィスを設ける。そこには運転シミュレーターがずらりと並び、シートにはテレショーファー（遠隔操作によるお抱え運転手）の担当者が座っている——自動運転車の特化型AIがシステム障害を起こす寸前に運転を引き継ぐ技術を習得した、専門の担当者たちだ。さて、ある自動運転車のLIDAR［周囲の物体との位置関係をレーザーで把握する装置］が突然ガツンという音を立てて車のルーフから落ちてしまったとする。その瞬間、車内のスクリーンで動画が始まり、テレショーファーがこう告げる——「センサーに異常が発生しましたが、私テレショーファーのヘレンが運転を引継ぎましたのでご安心ください。目的地まで私が運転を担当いたします」

　もうひとつ、ハンドオフのデザインでユーザーの専門知識・技術の問題に対処するためのオプションとして考えられるのは「問題を起こしたエージェントの近くに別のエージェントがいれば、それに制御を託す」という手法だ。ある自動運転車のLIDARが突然ガツンという音を立ててルーフから落ちてしまったが、そこは交通量が多く、正常に機能している自動運転車がたまたま周囲に8台いた。問題の車は「目の見えない」状態だが、周囲の8台（それにレーザー装置が設置されている建物や道路や街灯など）に要請すればただちに支援を受けられ、センサーの情報をリアルタイムで共有でき、目的地に無事到着できるという寸法だ。

　こうした第三者を使う手法はどのエージェント型システムでも使えるわけではないが、オプションのひとつには数えられると思う。

ユーザーへのハンドオフ

　もう何年も前のことだが、「タイガークルーズ」の好機に恵まれた。「タイガークルーズ」とは、米海軍の艦船乗組員の家族や友人が同乗させてもらって寄

港地を巡り、艦上での任務や生活を体験する特別なクルーズだ。筆者の場合、将校である友人のおかげで実現した。1週間のクルーズの最中、乗員が繰り返すさまざまな訓練を見学する機会があった。各種システムの故障を想定した対応訓練だ——電子通信設備が故障した場合の伝声管の使い方、その伝声管が故障した場合の整列での情報伝達、舵機が故障した場合のチームでの手動操作などなど。知識や技能を乗員の頭や体に叩き込み、刻みつける訓練だ。

　個人の日常生活で考えたらこんな訓練は面倒くさくてやっていられないだろうが、故障した場合のリスクが大きなシステムで、グレースフル・デグラデーションを実装する上では不可欠だ。本物の緊急事態が発生してしまったら、マニュアルを調べている余裕などない。そういうことは事前にやっておくべき準備だ。

実地訓練

　上の「タイガークルーズ」の事例は「実地訓練の反復」の手本だ。腕が鈍らない頻度で、体が自然と（機械的に）動くようになるまで訓練を重ねる。訓練の最中、エージェントは必ずしも完全に姿を消してしまう必要はなく、副次的な立場に移行したりフィードバックを提供する役割に転じたりしてもよいだろう。定例の訓練は一定のスケジュールで実施するとよい。そうすればユーザーもそれなりに自身のスケジュールや心の準備ができる。「いや、木曜日の通勤時にお電話することはできません。午前中に自動運転車の訓練の予定が入ってるものですから。金曜はどうですか？」といった具合だ。

　こうした訓練を、「普通に運転している段階から始まり、緊急事態発生の場面を経て、ハンドオーバーの段階に入る」というシナリオで実施することも時には必要だ。火災を想定したビルからの避難訓練は、「燃えているビルからどう脱出すべきか」など考えずに、ただ脱出できるようにするために行う。緊急事態のハンドオフの処理も同様で、時には緊急事態のハンドオフの訓練が、ユーザーが他のタスクをこなしている最中に始まる形にするべきなのだ。タスクを引き継ぐ技能の中に「直前までやっていたタスクをやめる」というステップが含まれているからだ。

　さらに、理想的にはこうした訓練が広範な文脈で行われるようにするべきだ。たとえば凍結した道路での運転に慣れていないドライバーの自動運転車が「こ

のドライバーは近々、路面が凍結しやすい地域へ行く」という予定を知ったら、その機会を活かせるような訓練をユーザーに提案する、といった具合だ。

タスクの引き継ぎの訓練は、時には本物の緊急事態のような雰囲気で行う必要があるだろう。だから万一本当に緊急事態が起きてしまったら、「これは訓練ではありません」と警告する機能も用意しておきたいものだ（「言わずもがな」かもしれないが）。

迫真的な仮想訓練

実地訓練が意味を持たないエージェントもあり得る。その場合、「迫真的な仮想訓練」を用意するという手が考えられる。しかし現実の出来事と思えるほど忠実度の高いシミュレーションは現段階ではまずないだろうから、これはそんなに望ましい手法とは言えない。その一方で、たとえば、ある病気の治療を助ける特化型AIの、緊急時におけるタスクの引き継ぎの訓練をしたいと考えている医師の所へ、いつでもまさにその病気の患者が現れるとは限らないし、いくらパイロットが嵐の中でタスク引き継ぎの訓練をしたいと思っていても、通常の飛行ルートでうまい具合に嵐に遭遇することなどめったにないだろう。このような場合の優れた「代役」として仮想的なシミュレーション訓練を採用するとよい。その際の目標は「極力迫真的なものに仕上げること」だ。構想中のエージェントにこの手法を採り入れたい人は、米国のコンピュータ科学者であり仮想現実の先駆者のひとりであるアイバン・サザランドが学生たちと「手動スキャンニング」で作成したフォルクスワーゲンの1967年型ビートルの「3D画像」や、米国の情報技術のパイオニア、テッド・ネルソンがゼロックス・パロアルト研究所で行ったシミュレーション等について書いた著書を参考にしてほしい。

インタフェースに関する配慮点

第7章で紹介した通知は順調に進んでいることを示すものなので、同期的でも非同期的でもかまわない。しかし、ハンドオフに関わる場面では通知は必ずインタフェースを介するべきだから、以下ではとくにUIにまつわる配慮点を紹介する。

動向の監視

　故障が起きた際のリスクが非常に大きなシステムの場合、エージェント型システムのタスクに関するデータは、「緊急事態」となってしまってからではなく、常時ユーザーに知らせる必要がある。たとえばドナルド・ノーマンが示した飛行機の自動操縦装置の2通りの知らせ方はその好例だ。ひとつは問題が生じても「無言で」作動し続け、本当の緊急事態に陥ってしまった時点でパイロットにようやく知らせるシステム、もうひとつは最初に問題を検知した時から段階を追って状況を知らせるシステム──まずは「機体の不均衡を検知。補正中」と知らせ、1分後に「不均衡が増大」、さらに1分後には「不均衡がハンドオフの閾値に接近中。1分後には操縦を引き継いでください」と警告する。

　ノーマンのこの例が浮き彫りにしているのは「ユーザーはエージェントが作動しているか否かだけでなく、タスク遂行の動向も把握するべきだ」という点だ。また上の例は音声を使った通知方法（第7章参照）も示しているが、こうした通知は瞬時に把握できる情報でなければならず、ハンドオフの時点まで発せられなければならない。場合によっては、エージェントから引き継いでユーザーが緊急事態を処理しているあいだ中ずっとかもしれない。

アラームと詳細な情報の提供

　エージェントの障害発生時のリスクが大きく、状態がさらに悪化してきたためタスクの引き継ぎを要請したものの、それが実行されなかった──このような時、エージェントは警報を鳴らす必要がある。最初にタスクの引き継ぎを要請する際のシグナルは、ユーザーに気づいてもらうために十分な注意を引くものでなければならないが、それだけでなく引き継ぎを成功させるためにも重要な役割を果たし得ることに留意したい。最適な担当者の適切な対応を促すため、必要な情報を漏れなくこのアラームに添えることにも配慮するべきだ。可能なら、対応担当者を特定するようにすれば、「傍観者効果」を予防できる。また、最初に指定した担当者が対応しなかった場合に備えて、次や、その次の候補者を決めておくと効果的だ。

他の要素に隠されないマップを目立つ形で表示

誰かがタスクを引き継いだら、極力効率よく、効果的に、現況を把握してもらう必要がある。現況に関する情報がモーダルインタフェースや対話型インタフェースの下に隠れてしまうと貴重な時間が無駄になる恐れがあるので要注意だ。使い慣れた一群のマップを見慣れた場所に、ひと目で把握できる情報と共に表示するのがよい。さらに重要なのは「発生している問題にユーザーが注目するよう仕向け、必要な対策や可能なオプションがわかればそれも知らせる」ということだ。

支援のきっかけ

種類にもよるだろうが、エージェントはハンドオフの最中でも完全には休止せずに状況を監視し続け、十分な確信があればできることをやり、可能な限り支援を行うべきだろう。どのような支援をいつ行えばよいのかは場合によって異なるので詳しくは触れないが、ひとつ強調しておきたいのは、エージェント自身が故障したのでなければ、ハンドオフの最中でも何らかの形で関与できるという点だ。

緊急事態の通知のためのコントロールとビジュアル

ソフトウェアの視覚的スタイルを決める際には、ブランドの観点から多大な注意が払われるものだが、その点ではエージェントも例外ではない（ただし、万事が順調に運んでいる限り、という条件つきだ）。緊急事態となれば、ブランドなどかなぐり捨てて、ユーザーの目を引く効果や、瞬時に理解できるアフォーダンスを最優先しなければならない。たとえば自動運転車でエージェントがユーザーに直ちにハンドルを握ってほしい時、そのことをミリ秒単位の速さで明示しなければならない。それ以上かかれば事故につながってしまう。

テイクバック

　事態が沈静化してからユーザーが再び全権をエージェントに委ねる「テイクバック」については、ハンドオフの場合に比べて指摘すべき点が少ない。とはいえ、このシナリオを検討する必要がないわけではない。

テイクバックのシグナル

　前述のように、エージェントはハンドオフの最中も現況を表す変数などを監視し続けて、再び主導権を引き継ぐことが可能かどうか判断するべきだ。可能だと判断した場合、ユーザーに許可を求めず自動的に引き継ぐ必要のあるケースもあり得る。たとえば自動運転車で障害をハンドオフで解決したものの、ドライバーが未だにパニック状態から抜け出せず、車が疾走しているといった時には、エージェントが自動的に主導権を取り戻すほうが助かる。しかし手術用AIロボットが医師に断りなくメスの主導権をいきなり取り戻したら危険きわまりない。このようにユーザーが手動で指示したほうがよい場合は、テイクバックの準備が整ったことをエージェントがユーザーに明示すべきだ。

同意

　主導権をエージェントに返すことにユーザーが手動で同意しなければならない手法の場合、ユーザーが主導権を返せることを理解した時点で、エージェントに同意のシグナルを送るようにするべきだ。その際のメカニズムはこのエージェントの主要タスクを妨げるものであってはならず、また、このユーザーがたった今危機的状況を脱したという事実を念頭に置いてデザインすることが重要だ。たとえば、自動運転車でドライバーにダッシュボードの反対側の端にあるボタンを押すことを求めるのは、同意の有無を口頭で（質問に対する答えの形で）告げるよりもはるかに危険だ。

万事が沈静化したことの保証

　最後に、エージェントが主導権を取り戻してからも、ユーザーはまだ興奮状態にあり、すべてが沈静化したことを確認したい気分のはずだ。そこで、ユーザーを安心させるための期間を多少設けるとよいだろう。ユーザーはこの期間中、またいつでも介入できるよう身構えてはいるものの、呼吸を整えつつ、システムに対する信頼感を徐々に取り戻し、激しかった胸の鼓動を静めていく。

（この章のまとめ）

ハンドオフとテイクバックは
エージェント型システムのアキレス腱

　エージェントを導入すると、その対象タスクの担当者の腕が鈍ることは、すでに調査や実験でも明らかにされている。これがネックになる分野もあるかもしれないが、そうはならない分野もあるはずだ（第10章を参照）。あなたの分野が「ネックにならない分野」であるならば、エージェントとユーザーの間で行われるハンドオフとテイクバックのデザインを練る際、次のような点に配慮する必要がある。

- 第三者へのハンドオフ——主導権を第三者に引き継ぐ際のシグナルは、明確で、ユーザーを慌てさせないものにする（第三者との間でハンドオフとテイクバックをする場合にも、またそれなりの問題がある点は要注意だ）
- 訓練——構想中のエージェントに、定例の訓練、ライブでの訓練、仮想的な訓練が必要かを検討する。何らかの訓練が必要なら、そのためのルールをデザインしなければならないし、訓練中エージェントがどのように支援できるかも検討しなければならない

- **ユーザーへのハンドオフ**──ユーザーには事前に「しばらくの間エージェントから主導権を引き継ぐ必要があるかもしれない」と警告を発するべきだ。ハンドオフの最中は、システムの現況、問題の性質、解決のオプションを知らせる。ユーザーが主導権を握っている間、エージェントには有能なアシスタントの役割を果たさせるようにする。主導権をエージェントに返すためのUIは、ユーザーが不安にならずにスムーズに運ぶようなデザインにする
- **テイクバック**──テイクバックが可能になり次第、エージェントが自動的に主導権を取り戻す手法がよいのか、それともテイクバックに対する同意をユーザーが手動で示す手法がよいのかを検討する必要がある。手動の場合は本来のタスクに影響を与えることなく、ユーザーがテイクバックを開始できるようにする。さらに、万事が復旧して支障なく運び始めたら、それをユーザーに知らせて安心させるとともに、さらなるフォローアップとして、今後同様の問題が起きないようにするための対処法を提示する

第10章
エージェントの評価

Chapter 10
Evaluating Agents

エージェントにUIは不要？ —————————————— 212

評価方法 ————————————————————— 212

従来型の部分には従来型のユーザビリティテストを ——— 214

エージェント部分のヒューリスティックスによる評価 ——— 215

この章のまとめ —— ヒューリスティックスを使った評価 —— 219

このパートⅡでは、前の章までエージェント型システムのデザイン面の特徴を、従来の「ツール的なシステム」のデザインと対比する形で紹介してきた。デザイン手法が優れたものであれば、その手法は何らかの形で評価に役に立つと考えられる。そこでこの章では、エージェント型技術の評価という観点から各種の手法を検討していく。「ユーザーにとって役に立つものであるか」を知るための手段として、エージェントの評価に役に立つツールを見ていこうと思う。エージェント型技術の評価にどのような手法が適しているかを検討し、さらに評価の際にどのようなヒューリスティックス（経験則）を用いればよいのかも議論する。

エージェントにUIは不要？

　優れたエージェントは自律的に動作して成果を上げるのが基本である。そうなると「エージェントにUIなど不要」とも思えるが、そうではない。サインアップ、セットアップ、動作テスト、本番開始、通知の受信、例外の処理、ユーザー自身による並行作業...と、いずれの場面でもインタフェースが欠かせない。UIのないエージェント型技術もあるだろうが、それはまれだろうし、かなり限定されたものになるだろう。汎用AIが一般化すればこの様子もだいぶ変わるかもしれないが、それまでは当面ユーザーがエージェントを管理し、エージェントと協働するためのインタフェースが必要で、そうしたインタフェースには評価を行う必要がある。

評価方法

　従来、ユーザビリティデザインやインタラクションデザイン、サービスデザインで用いられてきた手法の中にも、エージェント型技術に適用可能なものは多数ある。しかしエージェントは通常、長期にわたって作業を続ける上に、予測できないトリガーに反応してしまうことが多く、これがデザイナーにとっては対処の難しい問題となる。たとえばベターメント社のロボット・ファイナンシャルプラン

ナーを、ユーザビリティテストの場で1時間のうちに評価するという場面を思い
浮かべてみてほしい。このエージェントは株価の変動やユーザーの生活状況
に対応しながら何十年にもわたって動作するよう開発されたものであり、その
評価を1時間で行うのは土台無理な話だ。あらかじめ環境を整えてから実施さ
れることの多いユーザビリティテストと本番での運用を比較してみれば、評価の
難しさが理解できるだろう。

他の製品の場合と同様に、最良のフィードバックは実際のユーザーから得
られる。日常生活にエージェントを取り入れて、実際に使ってみようとしている
ユーザーだ。ユーザビリティテストのように意図的にセッティングし焦点を絞っ
た状況では結果が歪められてしまうため、それなりの捉え方をしなければなら
ない。とはいえ、こうしたテストの結果を無視するのも得策ではない。バイアス
に留意して補正すればよい。

開発中のエージェントの評価

開発の最中は「エクスペリエンス・プロトタイプ」を作って試すことができる。
従来型のインタフェース要素は紙とペンで作ったプロトタイプを使って、また、
エージェント特有の要素はテスト担当者が物陰に隠れて装置を動かすなどして、
ユーザーに試してもらう。それほど手間をかけずに用意できるはずだ。

ミスター・マグレガー（MM）を例に取って考えてみよう。第8章で紹介した例
外処理のシナリオの中から、たとえば「オエッ」の項のケースを処理するタスク
のプロトタイプを作る。被験者には「ケールは嫌いだからもう育てたくない、と
ミスター・マグレガーに伝えたい場面です」とタスク内容を紹介し、ペーパープ
ロトタイプか、低コストで手早く作ったデジタルプロトタイプで、そのタスクの処
理方法を被験者に試してもらう。大雑把な評価ではあるが、デザインに関する
フィードバックがいくらかでも得られるはずだ。

NOTE 超高速のプロトタイピングと検証

Googleと同社の投資部門GV（旧グーグル・ベンチャーズ）が提唱する「デザ
インスプリント」はごく短期間で集中的にサービスの開発、改良を進める手

法だ。GVのダニエル・ブルカが、米サビオーク社の「Relay」（ホテルの客室に
物品を配達する自律搬送ロボット）のテストにこの手法を応用した。開発中の
ロボットは使わず、被験者から見えない隣室で技師がプロトタイプを操作
することによりテストを5日間で完了した。この手法の詳細は『SPRINT 最
速仕事術 —— あらゆる仕事がうまくいく最も合理的な方法』（ダイヤモンド社、
2017年）を参照。

稼働中のエージェントの評価

　稼働中のエージェントの評価には、実際の製品を対象にすることのメリット
とリスクがつきまとう。まず、実際の使用状況のログをデータとして残すよう準
備しておく必要がある。これを分析することでユーザーに関する理解を深める
ことができるが、ユーザーの行動を本当に理解するためには、ユーザーの利用
状況を観察したり、ユーザーにインタビューをしたりといった調査も必要だろう。
従来の定性調査と同様に使用状況の観察と組み合わせ、「ユーザーの発言」と
「ユーザーが実際に取った行動」との間に違いがあるかどうかも調査する必要
がある（「インタビューアーが聞きたいと思っている内容」を語ってしまうユーザーも多
い）。稼働中のエージェントのラボテストも可能だろうが、その場合、実際の利
用シーンではかなりの確率で起こる「予想外のトリガー」を再現できるようにす
る必要がある。
　以上はなにも目新しいものではなく、ユーザー中心設計ではよく使われてい
る手法だが、その存在を知っておけば適切なものを選べるはずだ。

従来型の部分には従来型のユーザビリティテストを

　ユーザビリティテストでは、検討するシナリオごとにユーザーが何らかのタス
クを実行するが、そもそもユーザーのタスクを代行するのがエージェントの役目
なので、話は少し複雑になる。しかし、エージェントに代行してもらうためには
何らかのインタフェースを介してその意図を伝えることになる。このインタフェー

スに関しては、何十年も研究や実践を重ねて開発されてきたデザインの手法や原則が役に立つはずだ。

　本書ではユーザビリティテストに関して細かく説明することはしないが、以下に紹介するヒューリスティックス（経験則）は、従来的な手法の「代わり」ではなく「追加」となる点は強調しておく。

エージェント部分のヒューリスティックスによる評価

　システムの（ツール的な側面ではなく）エージェント的な側面についても評価が必要で、そのためには特別なツールが必要になる。上で触れたように、この目的には従来のユーザビリティテストでは不十分だろう。その代わりに、ヒューリスティックス（経験則）を用いることができる。以下に、エージェントをテストするために有用なそうしたルールを挙げる。

最終結果

　評価事項の第一は「エージェントが本来の任務を果たせているかどうか」だ。「トリガーの条件が満たされた」とのエージェントの判断は正解だったか（第8章で紹介したのと同種の表現を使えば「true positive（トゥルー・ポジティブ）」だったか）。あるケースをスキップした判断は正解だったか（「true negative（トゥルー・ネガティブ）」だったか）。こうした判定はエージェント自身にはできない。エージェントはコンピュータだから、自身の限られた世界モデルに縛られてしまうのだ。このため何らかの外的な監査が必要になる。エージェントを検証し、「事例証拠（anecdotal evidence）」も記録に残す必要がある。

　エージェントが仕様書に規定されたとおりの成果を上げられたかの確認も必要だ。危険を察知し未然にブレーキをかけたか。投資目標の達成という点で、特定の投資信託を凌ぐ成績を上げられたか。苗木をまっすぐ等間隔に植えられたか。こうした成果の測定はエージェント自身にもできるかもしれないが、外部的な測定や研究者による定性調査が必要な場合もあるだろう。

Chapter 10 Evaluating Agents

ユーザーの信頼度

次なる評価事項は「エージェントに対するユーザーの信頼」で、主観に影響されるので定性的な調査が必要だ。エージェントはユーザーの代行をするわけだから、これは重要だ。たとえば次のような複数のサブ項目に分解する形で質問するとよいだろう。

- エージェントが期待どおりに動作していると確信している
- エージェントが動作している時と動作していない時を把握できている
- エージェントが動作中にやっている仕事の内容や進捗状況を把握できている
- 次回エージェントが動作するべき時には指示どおりに動作してくれると思う
- エージェントは必要な時にだけ私に連絡をくれる

これを「リッカート尺度」を使って評価してもらうのがひとつの方法だ。「まったく同意できない」から「強く同意できる」までの5段階の選択肢から当てはまるものを選んでもらうものだ。なお、エージェントの種類に応じて、より具体的な表現を用いるほうがよい。たとえばミスター・マグレガーなら「ミスター・マグレガーは作物の生育状態をきちんと管理してくれていると確信している」といった質問文にするわけだ。

エージェントが良好に機能しているにも関わらずユーザーの信頼が今ひとつ足りないといった場合は、エージェントが自身に関する情報や進捗状況をユーザーに十分伝えられていないことになる。

知覚価値

前項の「信頼度」とはまた別に、エージェントに対する感覚的な価値の評価である「知覚価値（perceived value）」という測定項目もある。そのエージェントにかける費用や手間に見合う利用価値があるか、エージェントのもたらす変化は価値のあるものなのか、といったことをユーザー

に判定してもらうのだ。たとえば筆者はiPhoneの自動修正機能^{オートコレクト}を信頼してはいるが、まだ満足はしていない。対象のエージェントをオフにするなど、使用をやめてしまったユーザーの意見も忘れずに聞いてみるべきだ。特に「なぜ満足できなかったのか」を聞いておく必要がある。その一方で、使い続けてくれているユーザーは満足しているのだと見なせるだろうが、その理由までしっかり把握しておけば、エージェントを改良しようとする際、良好に働いている部分を残すことができる。

協働

　エージェントの「協働（cooperation）」には2つの種類がある。ひとつ目は「他のエージェントやコンピュータシステムとの協働」だ。エージェント型技術の普及に伴って多くのエージェントが、人間以外のものと協働する必要性が増してくる。エージェントが相互にリクエストを送り合い、タスクや共有のリソースに関して情報をやり取りしたり、処理を依頼したりするようになる。これをうまく処理しないと、ユーザーがそうしたやり取りを管理する「技術部長」のような役目を押し付けられかねない。これは主にエージェントの提供会社の役目だろう。

　2つ目は「ユーザーとの協働」だ。「自分もエージェントと並行して作業をしたい」「自分で直接作業をしたい」「エージェントのトリガーとビヘイビアを自分で管理したい」―― こういったユーザーの希望に応じられる態勢を、ほぼすべてのエージェントが整えるべきだろう。エージェントは自身のタスクやユーザーの目標達成を妨げることなく、ユーザーの命令に応じたり、支援モードに移行できたりしなければならない。支援型技術のパターン（種類）に関する解説は本書の範囲外だが、支援型技術はエージェント型技術の「相棒」的な存在なのである。

全体像の提供

第7章で説明したように、ユーザーがエージェントの存在をもっとも意識するのは、手を貸してやらなければならなくなった時、つまりエージェントが作業をしくじった時である。ユーザーが(不当にも)「こんなエージェント、ただの役立たずじゃないか」と思い込んでしまいかねないのだ。

そのため、可能な場合(かつ意味がある場合)、ユーザーの主観だけでなく、全体像(に近いもの)を把握してもらうために、実際のデータを使って、ユーザーがエージェントを使わずにタスクを実行した場合と、そうでない場合を比較してもらうとよい。

ただラジオを聞いたり、自分で選曲したり新しい曲を発掘したりする場合と、ストリーミング配信サービスSpotifyを使った場合とで、どちらのほうが新しい曲との「出会い」や音楽の「楽しみ」が大きいか。発砲音が聞こえたと一般市民が通報した時と、銃声検知システムShotSpotterを使った時とで、どちらが警察がすばやく対応できるか。iPhoneの自動修正機能を「オン」にした場合と「オフ」にした場合とで、テキスト作成速度が速いのはどちらか。こういった比較をしてもらうのだ。

理想的にはエージェント自身がこのデータを提供できるとよい。動作中のエージェントのユーザーに関するデータを提供したり、何人かのユーザーのデータを集計して根拠を示すのだ。エージェント自身が提供できないなら、エージェントの「価値」を客観的に測定する何らかの方法を動作テストの段階に組み込むとよい。そのエージェントを使っていないユーザーや組織から比較対照のためのデータが得られれば、説得力が増すだろう。

この章のまとめ

ヒューリスティックスを使った評価

　高度なエージェントと単純なツールでは提供するものの質が異なる。したがって、評価方法も当然変えなければならない。従来型のタスク処理に関わるUIは、（本書では触れないが）ユーザー中心設計でおなじみの手法で評価できる。しかしその他の部分（たとえば下記のような事柄）に関しては、タスク管理の評価の際に用いるヒューリスティックス（経験則）を用いるほうがよいだろう。

- **最終結果** —— エージェントは想定されたタイミングと手順で動作するか。ユーザーはそれをどの程度予測、信頼できるか。エージェント（またはユーザー）によるビヘイビアの調整は容易か困難か
- **信頼度** —— ユーザーはエージェントをどの程度信頼しているか。エージェントは必要な情報を提供し、ていねいな応対をしているとユーザーが感じているか
- **協働** —— エージェントは扱いやすいか。ユーザーは望んだ時に望んだ方法で主導権を握ったり動作に影響を与えたりできるか。エージェントは例外をうまく処理できるか。エージェントは自身の限界を心得ているか。タスクを引き継いだユーザーをどのように支援できるか。他のエージェントやシステムとうまく協働できるか
- **知覚価値** —— ユーザーはそのエージェントを利用する価値があると感じるか。エージェントは、ユーザーの知覚価値（感覚的な価値）を高めるための客観的な測定値をどのように伝えることができるか
- **客観的な測定値** —— できる限り客観的な視点から見て、エージェントの存在は、それが関与するシステムや状況にどのような影響を与えるか。最終的に良い影響を与えるか

Chapter 10 Evaluating Agents

パートIII
展望

Part III
Thinking

パートIIIでは「パートIの筆者の持論には十分納得が行ったし、パートIIの解説は実用的だった」と読者に感じてもらえたとの前提に立ち、エージェントというコンセプトをめぐる将来的な問題を検討していく。この種の技術の発達を受けて、インタラクションに関する現行のプラクティス（手法や技法、処理方法など）は今後どう進化していくのか。倫理的にどのような問題が生じてくるのか。この種の技術が日常生活の不可欠な一部となり、製品化が大いに進んだ場合、開発関係者はどのような考えを持ち、何に配慮すればよいのか。いずれも容易には答えの出せない、それでいて重要な問題だ。そして最終章では、行動喚起をしようと思う——エージェントというコンセプトに関して皆さんに取ってもらいたい行動を示し、賛同と参加を求める。

第11章
プラクティスの進化

Chapter 11
How Will Our Practice Evolve?

コンセプトそのものの売り込みが先決 ——————— 224

その上でエージェント型技術に磨きをかける ——— 225

理想は「徐々に姿を消していくサービス」————— 227

この章のまとめ——最終目標は汎用AI ———— 229

デザインのプラクティス（手法）はデザイン対象に合わせて変化する。エージェント型ツールはかつてない異質のものだから、我々のプラクティスはそれに沿って進化していくはずだ。新たな用途に対応するための、新たな用語や技術が必要になるだろう。新たな用途に対応するためのデザインを開発者やその他のステークホルダー（利害関係者）に説明する手法や、エージェント型技術をテストするための新しい手法も必要だ。本書のパートIとIIでは、ストラテジスト、プロダクトオーナー、デザイン現場の専門家がスタートを切る上で信頼に足る「跳躍板」を用意、紹介してきたつもりだ。しかしまだ十分とは言えない。ここからはマクロのレベルで考察、準備するべき事柄を解説していく。

コンセプトそのものの売り込みが先決

今日の先端技術関連産業の現場で、技術面でもデザイン面でもプラクティスの根幹を成すのは「優れたツールを作る」という姿勢だ。我々は、ユーザーが実際に作業をしている様子を観察して問題を理解しようとする。ペルソナが対象ツールを使う場面を想定したシナリオやユースケースに基づいてデザインを練る。プロトタイプやアルファ版のテストでは、被験者に作業をしてもらい、観察の所感や発見点をメモしていく。利用体験（エクスペリエンス）についても議論を重ねる。しかしこうした手法はエージェントに関してそのまま使うことはできない。というよりも、異なる手法で適用すべきものなのかもしれない。

デザイン現場における筆者の経験を振り返ってみると、クライアントの依頼の大半は「プロセスのステップ数を減らしてくれる機能強化ツール」「情報を提供する形でユーザーのタスクの理解を助ける測定ツール」「所定のビジネスルールが破られた場合に注意を促し、復旧の提案をする修正用ツール」などのデザインだった。だが本書の随所で事例をあげて見てきたように、もはや今日の技術は賢いエージェント型技術を創り出すために存在すると言っても過言ではない。我々デザイナーはよく、ユーザーの労力を最少化する一方で最大限の結果が出せるよう努めるものだが、まさにこれこそが「賢いエージェント型技術の創出」という目標の達成を目指して技術開発を推進するための、次なる妥当な一歩にほかならない。

したがって、たとえば「エージェント型のソリューションがユーザーにとって適正な道であるにも関わらず、ステークホルダーがそれを求めていない」といった状況に直面したら、そのステークホルダーにエージェントのコンセプトを売り込むのが我々の使命、ということになるはずだ。我々ひとりひとりが用語や逸話、ケーススタディなどの「ネタ」をどんどん仕入れ、説得の話術も磨いて、ステークホルダーを納得、賛同させたいものだ。

その上でエージェント型技術に磨きをかける

本書のすべての事例が物語っているのが「この世の中には既にエージェント型技術が（まだ慎ましい規模ではあるが）存在する」という事実だ。しかし既存のエージェント型技術は大半が比較的新しいものであり、どんな技術でもそうだが、初期のエージェントは小規模で不具合が多い。そのため、そうした「シワをアイロンで伸ばす」のが我々の務めとなるだろう。より賢い（スマートな）標準設定、ルールや例外作りの、より容易な手法を生み出していく必要があるわけだ。

場合によっては「賢さ」は「ユーザーのメンタルモデルに合うこと」と言い換えられる。メンタルモデルに合うようトレードオフを考慮して、複数の選択肢の中から難しい決断を下す。Appleの「Time Machine」はその好例だ。エージェント型バックアップシステムで、ユーザーのディスクの中身をバックアップしてくれる。極力単純な使い勝手を目指しており、スイッチを入れるだけでバックアップを開始し、以前のバックアップほど後方に表示するようになっている。ただし「アーカイブ」を作成しているわけではない。最新日の作業の1時間ごとのバックアップ、ひと月前までの毎日のバックアップ、それ以前の一週間ごとのバックアップがあり、ディスクが一杯になるまでは週ごとのバックアップを保持し、満杯になると古いものから削除していく。とはいえ、以上はコンピュータ目線での説明だ。情報の価値を「時間」で測っており、古いものから廃棄していく。筆者がバックアップに頼るとしたら、優先順位の基準が違ってくるはずだ。息子が生まれた時の写真や動画は非常に貴重で、音楽CDをリッピングしたファイルよりもはるかに価値がある。「新旧」の基準では計れない価値が。しかしユーザーがきめ細かに指定できる機能を提供するとなると、「単純さ」が犠牲になり

使い勝手が悪くなる——エージェントがものすごく賢くなれば話は別だが。

　「賢さ」はまた「エージェント型アルゴリズムをより人間的にすること」と言い換えられる場合もある。少なくとも生身の人間とほぼ同レベルの気遣いができるということだ。この事例として紹介したいのはフェイスブックのエージェント型コンテンツ作成機能「2014 Year in Review（2014年 — 今年のまとめ）」だ。2014年末、フェイスブックがこの機能でユーザーを驚かせた。各ユーザーのサーバの統計を見て、その年にユーザーが投稿した写真やコンテンツの中で「いいね」やコメントが多かったものを選び出してまとめ、写真をイラストのフレームで飾って自動的にポストしたのだ。フレームの中には、パーティーを想起させる色鮮やかな風船やリボンをあしらったものもあった。

　この機能は大抵の人には好評だったが、愛する人との死別や破局に直面した人にとっては最悪だった。たとえばウェブコンサルタントのエリック・マイヤーがブログmeyerweb.comで公開した「Year in Review」のスクリーンショットには、その年に他界した幼い娘の写真が写っていた（そのスクリーンショットの転載はもちろんここでは差し控える）【注1】。マイヤーは「おそろしく無神経なアルゴリズム」の対象になってしまっただけだという状況は理解したが、色鮮やかな風船やリボンで縁取られた、今は亡き愛娘の写真に深く傷つけられた。

　これはもちろん実装時の不注意の所産だ。フェイスブックはこれを希望者だ

けの機能として提供することもできたはずだし、描写やコメントで使われた単語に対してごく基本的な解析を行ってさえいれば、怒りやお悔やみの言葉が添えられた写真を対象外にできたはずだ。また、2014年の更新記録を解析してマイナスの感情を察知していたら、そのユーザーには「2015年はもっと良い年になりますように」といったメッセージを送るだけで済ませられたはずだ。もっとも、フェイスブックはこうした失敗から得た教訓を無駄にはしていない。「友達の日」用に友との1年を振り返る動画を作成する新機能を2016年2月に公開しているが、これは動画まとめを希望するユーザーからの指定を受けて開始されるようになっている。

　後から振り返って批判や提案をするのはたやすいことだ。最初から万事ぬかりなくやる、というのが難しい。だから皆で、新しいエージェントを導入するたびに、この手のミスを繰り返していくことになるのだろう。

クリスへ
2月4日はフェイスブックがスタートした記念の日。2016年で12周年です。フェイスブックでは毎年この日をフレンズデー（友達の日）として、友達とつながることの大切さを見つめなおす機会にしています。そこで、あなたの友達とあなたのためにこのビデオを作りました。共有しない限り、見られるのはあなただけです。

理想は「徐々に姿を消していくサービス」

　筆者が過去2年間に関わったエージェント型プロジェクトの多くはスキル習得のためのサービスだ。子供たちが健康的なライフスタイルを身につけるためのサービス、大人がイライラ、せかせかしない暮らし方を学ぶためのサービス、投資家に長期的な視野を持ってもらうためのサービスなどなど。こうしたプロジェクトで、たとえ（前述のフェイスブックのような失敗を回避できて）「完璧」に賢いものを作れたとしても、まだ我々デザイナーの前に立ちはだかる問題があった。それは、いくら完璧であっても「松葉杖」は作りたくない、という問題だ。

1　http://meyerweb.com/eric/thoughts/2014/12/24/inadvertent-algorithmic-cruelty/

米カーボヘルス社の減量モバイルアプリKurbo(カーボ)は子供や十代の若者に健康的な食生活と運動習慣を教えるコーチングサービスだ。賞を受けたこともある。筆者はデザインチームの一員としてプロジェクトに携わった。利用者は人間のコーチと仮想的なコーチのアドバイスを受けながら、トレーニングプログラムに取り組む。まずは毎日の食事を記録しつつ、スタンフォード大学で開発された「交通信号のイメージによる食品分類法」を学ぶ。それができたら、プログラムの終了まで「赤信号」と「黄信号」がつけられた食べ物を減らす努力を続ける。

　デザイン上の課題は、「利用者の年齢に適した、楽しく続けられるトレーニングプログラムにすること」「子どもたちが(何を食べたかとか、体重が増えてしまったとかいったことが話題になる)SNSをうまく管理できるよう支援すること」「毎回毎回、食べた物を記録する必要があるため、記録作業自体を極力簡単にすること」などがあったが、あともうひとつ、大きな課題があった。それは「このプログラムでせっかくBMI(肥満度指数)が改善しても、終了後に以前の習慣に戻ってしまう者がいること」だ。
　「利用者が成果を上げ続けられるよう、このアプリに永遠に頼り切りにさせる」というのは、あまり品のよくない解決法だ。カーボヘルス社は、単に世の関心を集めるだけではなく子供たちの健康増進を使命とする企業だ。だから我々デザイナーは、利用者がプログラムを修了してコーチのアドバイスを受けなく

228　　　　　　　　　　　　　　　　　　　第11章　プラクティスの進化

なってからも楽しめて、しかも役に立つアプリにしようと、ユーティリティや友好的なSNSへのリンクを用意したり、楽しい雰囲気作りに努めるといった取り組みを続けた。

特定のスキルセットを磨くことを目標に掲げたエージェント型サービスの多くは、このアプリの場合と同様のアプローチで構築するべきだろう。しかるべき成長を果たしたユーザーが、必要に応じて巣立つのを助ける「足場」を用意する。つまり、人間の能力を拡張する「オーグメンテーション」にとどまっていてはならない、ということだ。松葉杖は拡張部分にすぎない。徐々に姿を消していくコツを心得たエージェントこそが、人を成長させ得るのだ。

（この章のまとめ）

最終目標は汎用AI

完璧な汎用AIが登場するまでの間、特化型AIの最先端を突っ走るのはエージェント型技術だろう。汎用AIがオンラインで利用できるようになれば、エージェントをデザインする必要はなくなる。支援型のサービスも同様だ。そういったものが担当していた作業は汎用AIがやるようになる——人間よりも上手に。それはいつ頃のことなのだろうか？　オックスフォード大学の研究者であるヴィンセント・C・ミュラーとニック・ボストロムが2013年に何百人ものAI専門家を対象にして行った調査【注2】によれば、本書の出版後およそ28年間はエージェント型技術の改良が続くだろうとの予測結果が得られたそうだ。

楽観的（積極的）な見方（10％の可能性）の中央値：2020年
現実的な予想（50％の可能性）の中央値：2040年
悲観的（控えめ）な予想（90％の可能性）の中央値：2075年
これを見ると、ずいぶん時間がかかるという印象を受けるが、「ソフ

トウェアのデザインが独立したプラクティスとして行われるようになったのは第二次世界大戦中のことで、その後70年にわたってツールや手法の改良が徐々に重ねられてきた」という経緯を考えると、上記3つのマクロなトレンドが技術の世界とクロスするのに、人ひとりの一生分ぐらいはかかりそうだとも思えてくる。その先に何が起きるか。それは予想しないことにしよう。

もちろん、未来なんてわからないから、筆者が間違っている可能性もある。

---

2 http://www.nickbostrom.com/papers/survey.pdf

第 12 章
ユートピア、ディストピア、ネコ動画

Chapter 12
Utopia, Dystopia, and Cat Videos

世の中を大きく変えた電球	232
だがインターネットは？	234
ジキル博士とエージェント氏	235
倫理++	238
超人的な違反	242
サービスを99％提供するエージェント	243
ロボットのコンポーネントの寿命	245
エージェントは何個だと「多すぎる」と感じる？	246
エージェントに任せると担当者の腕が鈍る？	248
エージェントは人間の自己認識に どう影響するか？	255
つまりは汎用AIが求められている ということなのか？	257
この章のまとめ──問題山積の問題	261

完全に中立な技術など存在しない。サーモスタットのように地味で単純な装置についてさえ、そう言える。汎用AI（AGI: artificial general intelligence）が文化を広範に、かつ根本から変えてしまうであろうことは、素人の目にも明らかだ。技術が進歩して超AI（ASI: artificial super intelligence）が誕生したら我々の暮らしはどうなるのか。それはわからない。おそろしい話だ。だがエージェント型技術についてはどうなのか。エージェント固有の「バイアス」を持つのか。どう悪用される危険性があるのか。何を可能にしてくれるのか。何を要求してくるのか。

　筆者は単なる「安楽椅子の哲学者」にすぎない。AI開発の現場に関する知識はまだまだ乏しい。だからたとえ本章で紹介する内容が「エージェント型技術の統一的な理論」というよりはむしろ「筆者がエージェント型技術について調査研究し、世界中の人々と論じ合い、1冊の本にする過程で生まれてきた、先を見越してのQ&Aのまとめ」となってしまっていても、大目に見てほしい。

　さて、本論に入る前に、ひとまずこの章のタイトルについて説明しておきたい。筆者はここ数年の間に何度か、イベントの講演者同士という立場で、オーストラリア出身の文化人類学者ジュヌヴィエーヴ・ベルと面談する機会に恵まれた。ベルは現在インテルの副社長兼フェローであり、センシング・アンド・インサイツ・グループを統括している。アイルランドのダブリンで開かれた「Interaction12」というカンファランスでベルが行った講演はとくに興味深く、印象に残るものだった。その講演の中でベルは、昔、新技術が登場した際に人々が表明した予想に言及し、ケーススタディをいくつか引用しながら、予想というものはとかく極端に走りがちだと指摘した。つまり、新技術がもたらすものとして人々が予想したのは「黄金時代」か「暗黒時代」のいずれかで、「中間」はほとんどなかったというのだ。ベルが主な事例として紹介したのは19世紀末に発明、実用化された（当時としては最新式の）白熱電球にまつわる予想の数々だった（そう聞いて驚いた人もいるのでは？）。

世の中を大きく変えた電球

　一方では、明るい時代がやって来る、と大いに期待し喜んだ人々がいた。表

通りだろうが裏通りだろうが歩道だろうが、とにかく道という道を簡単に明るく照らせるのだから、犯罪者が闇取り引きをする場所がなくなって犯罪が一掃されるだろうし、一日の仕事を終え、電灯があれば暗くなってからも読書ができるから、万人の教育という点でも効果が期待できる、といった具合だ。

他方、悲惨な予想もあった。巨万の富を蓄えた経営者が工場に照明設備を導入し、日没を言い訳に帰宅することを労働者に許さなくなるから、労働者階級はさらに搾取されるに違いないという見方だ。また、太陽に同期する24時間の体内リズムが狂って、人々は絶えざる不調に悩まされるのでは、と心配する声も上がった。

以来100年以上も経った現代の我々の目には、もちろんどの予想も「純朴」なまでに極端なものとして映る。現実はもっと平凡に推移して「中間」に落ち着いた。確かに犯罪は明るいところでは起こりにくいが、ありとあらゆる場所が常に明るく照らし出されているわけではないし、明るい場所で起きる犯罪もある。また、日没後の明るい自由時間についても、人々にはおしゃべりや室内でのゲームなど読書以外にやりたいことがあったから、万人の教育的効果が上がったとは言えない。なにも読書量だけが増えたわけではないのだ。

同様に、工場でも照明設備が整ったが、その効果は「年間スケジュールが立てやすくなったこと」で、これは経営者、労働者の双方に恩恵となった。明るくなったのは工場だけではない。近隣の飲み屋にも明かりが灯って、仲間同士、楽しいひと時を過ごしてから家路につくことが可能になり、これは労働者にとっては明らかにプラスとなった。ただし24時間周期の体内リズムという点では、そう、「リズムが狂って常時不調」の予測がある意味「図星」だったのかもしれないが、断言もし切れない。まあ夜遊びの前には昼寝をしておいたほうが無難だろう。

こうした電灯の効果を総合的に見てみると、完全な「中立」とは言い切れない。確かに不眠不休での仕事や勉強が可能になったし、より分厚く奥行きの深い建物の建設も可能になった。人々はそんな建物の奥深くへと這い込み、自然光から隔絶されて過ごそうと思えばそれもできるようになったわけだ。また、電力インフラが構築され、電灯への電力供給だけでなく各種産業の発展の基盤となった反面、地球を汚染する原動力ともなって、人々の暮らしに新たな影を落とすことになった。とはいえ電気のおかげで映画が見られるようになったし、炉

Chapter 12 Utopia, Dystopia, and Cat Videos

に火をおこしたりロウソクの火を灯したりする手間も省けるし、多くの物を燃やさなくて済むようになった。プラスとマイナス、両面があったのだ。

だがインターネットは？

　ジュヌヴィエーヴ・ベルによると、インターネットが普及し始めた頃の予想にも同様のパターンが見られるという。「インターネットはアイデンティティや国家間の経済障壁の完全な喪失を引き起こし、人類を奴隷状態におとしめる」という声もあれば、「いつ、地球のどこにいようが、誰とでもやり取りができるから、文化の違いや敵対意識などやがてはなくなってしまうだろう」と真の平和に満ちた黄金時代を予測する声もあった。だが現実はこうした極端なものとはならず、ごく平凡な推移を見せた。ベルによると人々は全世界をつなぐ驚異の技術を駆使して、ネコ動画を楽しんでいるという。

　エージェント型技術について議論する時には、幾度となく繰り返されるこうしたパターンを心に留めておく必要がある。この技術がもたらす新時代は明るい世界なのか、それとも暗黒の世界なのか。この技術は工場やコンピュータサイエンスの世界では既に何年か前から導入され出したが、一般の人にとってはまだまだ「新顔」だ。今後、巷で安定した評価を得られるのか、あるいは悪者扱いされるのか、どちらかに傾くにせよ、現実は（たとえ広範囲に影響を及ぼすとしても）

もっと白黒つけがたい形で、この両極端の中間あたりに落ち着くはずだ、という点を心に留めておくべきなのだ。

ジキル博士とエージェント氏

さて、ではまず大きな問題から論じよう。エージェント型技術は恐るべき存在なのか。「悪」に傾きがちか。悪用されるとしたら、どんな風にされるのか。本書ではほとんどのページで前向きな見解を示してきた。エージェントは利用者の暮らしに役立つ、という見解だ。デザイナーである筆者は、きちんと動作し、役に立つ物を生み出したいと願っている。しかし疑い深いところもあるから、少し時間を割いて、もしもエージェント型技術が悪用されるとしたら、どんな風に悪用され得るのかを検討してみることにする。

前のほうのいくつかの章で提示した、次のようなエージェント型技術の定義と質的要件を見れば、ここで検討すべき根本的な懸念が明らかになる。

- エージェントとは、ユーザーに代わって仕事をこなしてくれるソフトウェアである
- データストリームを監視し、ルールに基づいてトリガーに反応する
- すべてが理想的に運んだ場合、ユーザーはエージェントが細部までユーザー自身のニーズに沿った働きをするよう、長期にわたって徐々にカスタマイズしていく

以上の説明をよくよく検討してみると、潜在的な問題点がいくつか浮き彫りになってくる。

まず、「ソフトウェアである」ということは、それ自体がいくつかの問題をはらんでいる。中でも特筆すべきなのは「たとえ不正行為など何らかの問題が疑われる場合でも、大抵のユーザーはそのソフトウェアの内部の仕組みを見られない」という点だ。さらにまずいのは「エージェントはユーザーが注意を向けていない時に作動することが多く、悪事を働いていても、それにユーザーがまったく気づかない可能性がある」という点だ。たとえば家庭菜園の管理運営を手伝ってく

れる架空のエージェント「ミスター・マグレガー」を例に取ってみると、「もしも泥棒がエージェントを乗っ取ってドローンのBeeを自由に制御できるようにし、近所の家々の下調べをしたら？」といった状況が想定できる。

　いや、なにも犯罪者にハイジャックされなくても、エージェントが不届きな行為をしでかすことはある。2008年、AppleのiTunesの「シャッフル」のアルゴリズムがランダムではないという噂がネット上を飛び交った。そこでCNETのデイビッド・ブローが一連のテストを行い、確かに「ランダム」なアルゴリズムではないようだという結論に達した。このアルゴリズムはCDからリッピングしたものよりAppleのiTunesストアから購入した曲を優先するようだし、特定のレーベル（具体的にはユニバーサルとワーナー）のアーティストを優先しているという結果が出たのだ。おそらく背後に裏取り引きがあったのだろう、とブローは書いている【注1】。

　言うまでもなく、企業が自社のエージェントの振る舞いの客観性の保証を回避するために、メッセージを巧妙にコントロールすることは可能だし、その効果が捉えにくいものである限り、特に表立った問題にならずに逃げおおせるだろう。たとえばライフログ用ウェアラブルカメラ「ナラティブクリップ」が、1日を通して撮影した多数の画像の中から、特定のブランドが写り込んでいるものを優先するようプログラムされていたら？　いや、もっと悪質なケースも想定できる——その特定のブランドをできるだけさりげなく画像に入れ込むようプログラムされていたら？　筆者も以前、principled［「道徳観念のある」「筋のとおった」］とタイプしたら、iOSのオートコレクト機能にPringlesと修正されてしまった経験がある。principledはれっきとした英単語なのに、スナック菓子のブランド名Pringles［プリングルズ］に修正されてしまったのだ。一瞬「これは広告か」と思った。プロダクトマネージャはエージェントのアルゴリズムが調べられても大丈夫なように、こうした倫理面にも配慮する必要がある。

　悪意が最大の問題であるとは限らない。特定のアルゴリズムに作者の無意識の社会的あるいは認知的バイアスが組み込まれてしまうケースも大きな問題だ。読者の中に、ヒューレット・パッカードの初期の顔認証機能が肌の浅黒い人を認識できなかった話や、被写体の人物が写真を撮られるたびに瞬きをす

1　http://www.cnet.com/news/itunes-just-how-random-is-random/

るので、ニコンのカメラのAIが写真の撮り手に「この人は二重まぶたですか？」と尋ねたという話を見聞きした人はいないだろうか。いずれのケースも開発者や開発企業が悪意をもってしたことではないと筆者は信じているが、結果的にはソフトウェアがバイアスを持ち、対象者によってはうまく動作しない事態が発生した。救いと言えるのは「このようなバイアスも、プログラムである以上コードが公にされれば、批判を受けて明白な形で訂正され得る」という点だが。

　そういうことならオープンソースのエージェントが良いのでは、という声が上がるかもしれない。だが一般消費者にはプログラミングの知識がまだないから、たとえ中身が見られたとしても理解できない。もっとも、オープンソースなら、少なくとも他の専門家（あるいは他のエージェント）がコードを調べて、デイビッド・ブローがiTunesについてやったようなテストを実施し、その結果をSNSやニュースサイトなどを介して一般の消費者に知らせ、警告を発することができる（もちろん消費者が気にするなら、の話だが）。iTunesのシャッフル機能に対する疑念の声は短期間で弱まり、公式に否定され、結局は消えてしまった。そしてiTunesは今も使われ続けている。

　エージェントそのもの以外にも、操作の対象となり得るものはある。エージェントが市場に一定の影響を及ぼすようになると、（その影響の種類にもよるが）提供企業がそのエージェントを駆動するデータをあの手この手で操作しようとするのだ。ウェブが誕生してから現在にいたるまでほぼ常に、検索エンジンやウェブサイトは「より良いねずみ取り」を作り出そうと熾烈な戦いを繰り広げてきた。クローラーと呼ばれるプログラムにさまざまなウェブサイトを巡回させ、ページの内容、質、妥当性を判断させて、ユーザーの検索にどの程度関連するかを見極めている。検索結果で上位にいることが、ある種のビジネスにとっては最重要であるため、やがてウェブクローラーに探させる重要な属性を探り出すスペシャリストまでが登場し、この属性に基づいてウェブページを大幅に変更するようになった。このように、検索エンジンの最適化のスペシャリストたちがデータを操作してウェブクローラを操っているというわけだ。だからたとえ予想外の振る舞いをまったくしないオープンソースのエージェントを作り出せたとしても、そのエージェントが監視するデータストリームが極力清廉潔白なものであるよう始終確認していなければならない。つまりは「より多くのエージェントが必要」ということなのかもしれない。

さて、エージェントにまつわる最後の懸念は、「ユーザーはエージェントが細部までユーザー自身のニーズに沿った働きをするよう長期にわたって徐々にカスタマイズしていく」というエージェントの質的要件から生じるものだ。これはサービスの観点からすると良いことなのだが、リスクもはらんでいないわけではない。高度なエージェントはユーザーの詳細なモデルを徐々に構築していくものだが、これが個人情報を狙うハッカーにとっては格好の標的になり得るのだ。たとえエージェントの持つデータがメールアドレスや、カレンダー上の行事（誕生日など）といった単純なものだとしても、ユーザーのモデルにアクセスできるという状況は、より深刻な個人情報の窃盗につながる危険性をはらんでいる。

　というわけで、エージェントはその性質上、悪意を持つ者に利用されると、かなり深刻な脅威となりかねない。エージェントを巡るセキュリティ対策の必要性は非常に大きなものとなるだろう。ただ、「どのエージェントも例外なく濫用されるとは限らない」という点も指摘しておくべきだろう。芝生用のスプリンクラーで庭の害獣を追い払う「ヤード・エンフォーサー」やロボット掃除機「ルンバ」が、この手の悪さをするとは思えない。少なくともかなり制限が課せられた現行の形式では、あり得ないだろう。

倫理＋＋

　エージェントは人の直接的な監視なしで外部世界に変化を起こす可能性があり、これが重大な責任問題や倫理問題を提起する形となっている。倫理的なジレンマに直面した時、エージェントはどう振る舞うべきなのか。エージェントが何らかの害を及ぼした場合、誰が責任を取るべきなのか。

　英国の哲学者フィリッパ・フットが1967年に提案した「トロッコ問題」という有名な倫理学の思考実験を紹介しよう。走行中の路面電車が制御不能となって暴走し始めた。前方に5人の作業員がいて、このままでは逃げる間もなく轢き殺されてしまう。たまたま線路の分岐点がすぐ近くにあり、分岐器のそばにいたA氏がポイントを切り替えて電車をもうひとつの軌道に誘導すれば5人を助けられるが、そうすると今度はもうひとつの軌道にいる1人が殺されてしまう。A氏は5人を助けるために他の1人を犠牲にしても構わないか。以上の基本のシナリオ

にさまざまな手が加えられ、そうした変更が倫理的推論にどう影響するかが検討されてきた。オリジナルの「トロッコ問題」はあくまでも仮想的なものだったが、近年、自動運転車の発展を受けて、にわかに現実味を帯びてきている。

　新たな問題は次のように展開する。自動運転車が回避のあらゆる努力をしたにも関わらず、苦境に立たされてしまったら、100万分の1秒の間に判断を下さなければならない——並木やガードレールなどの障害物に激突して車内の人の命を危険にさらすほうを選ぶのか、それともハンドルを切って歩道に乗り上げ、歩行者を巻き添えにする危険を選ぶのか。どちらを選ぶべきなのだろうか。多くの(人間の)ドライバーがするように、乗車している人に対する責任を果たすべきか。「エアーバッグがない歩行者のほうを守るべきだ」といった一般的な決まりに従うのか。それとも、さらに厳しい選択になるが(高齢者よりも子供を守るべき、またはその逆など)個々の特質に従って決断を下すのか。これはきわめて現実的な問題だ。開発者はこういった状況で車がどう行動するかを決め、プログラムを作らなければない。

アカデミックな問題

　「トロッコ問題」に関しては今なお議論百出の状況だが、これがあくまでアカデミックな問題であることは認めるべきだ。たとえばGoogleの自動運転車は2015年12月1日までに1,000,276マイル走ったが、その間、トロッコ問題のような事態はまったく起こらなかった。したがってこのケースの正解は「99.99％の割で、ブレーキを踏むだけでよい」だろう【注2】。とはいえ、他に同様の問題が発生して対処しなければならなくなった時にも応用できる一般的な答えが欲しい。

悲劇のシナリオの中でも、死亡事故や高額な治療費の支払いが絡む場合には説明責任の問題も生じる。その責任を誰が負うべきなのか？　目的地を選択し、急いで行くよう指示した「運転者」か。回避アルゴリズムを改悪したハッカーの侵入を許してしまったセキュリティチームか。部品の不良でこの事態を招いてしまったメーカーか。車に対する命令を「switch文」を使ってコーディングした開発者か。はたまたエージェントの販売会社か。人命に関わる重大な問題であるばかりか、莫大な額の賠償問題となる恐れもあるシナリオだ。幸い、ボルボ、Google、メルセデスベンツなど数社がすでに自社の車の性能については責任を持つと公言している【注3】。これが今後、メーカーやエージェントにとっての規範あるいは法律になるのだろうか。

　たとえ単独のアルゴリズムとしては合理的に、また、計画どおりに操作できるエージェントを作り出せたとしても、「システムの一環として」どう機能するのかが問われるケースもある。これまでにも、複数の株取り引きのエージェントが相互に反応し始めて雪だるま効果を引き起こし、人間が原因を突き止めて機械をストップさせたから事なきを得たものの、危うく株式市場が麻痺するところだったという事態がすでに発生している。こうした連鎖反応の責任は誰が負うのか。デザイナーはどのような安全策を立てられるのか。組織は違法行為をどう規制するのか。警察は違反をどう取り締まるのか。そのための技術的な手段はあるのか。

　こうした疑問に対する答えを出そうとするのは本書の範囲をはるかに超えた試みだ。そのための専門分野はすでに確立されつつある。ひとつは「ロボット倫理学（roboethics）」というデザイナー視点の、もうひとつは「機械倫理学（machine ethics）」というロボット視点の分野だ。いずれも独自のやり方で上述のさまざまな疑問に答えようとしている。こうやっていわば本道から逸れ、もっぱらこの問題の研究を専門とする分野を打ち立てない限り、本格的な議論は難しいだろう。

2　https://www.washingtonpost.com/news/innovations/wp/2015/12/01/googles-leader-on-self-driving-cars-downplays-the-trolley-problem/

3　http://cohen-lawyers.com/wp-content/uploads/2016/08/WestLaw-Automotive-Cohen-Commentary.pdf

しかし少なくともまずは「すべてのエージェントがハイリスクな決定を下すわけではない」点を認識するべきだ。庭に侵入してきた害獣を鳴き声で追い払う「ガーデン・ディフェンス・エレクトロニック・アウル」のメーカーが前述のような問題に対処しなければならない場面などあり得ないだろう。ただ、デザイナーは例外なくこうした問題を注意深く検討するべきだ。自分たちがこれからデザインする（あるいは今デザインしている）エージェントを前にして、自問自答してみるべきなのだ。「このエージェントが与え得るダメージは？」「このシステムがトロッコ状態を回避する方法は？」「ジレンマの解消法は？」「被害や損害を生んでしまった場合の回復法は？」。文化は法体系のもとで機能するのだから、我々デザイナーは「誰が責任を負うのか」との問いに答えられなければならない。

AIの発達で機械が奴隷に？

さて、ここまでであげてきた疑問点に関連する問いがある——「車にどの程度の『知性』を与える必要があるのか」というものだ。特化型AIであれば、既知の「運転者」と、路上に感知した歩行者とを対象にして単純な数値計算を行う程度かもしれない。だが、たとえば完全な自動運転車が4人の歩行者を避けようとして変電ボックスに衝突し、そのために病院への電源供給が断ち切られ、生命維持装置に依存していた入院患者の命を奪う形になってしまったら？　車は自身が関知する範囲で「正しい」判断をしたのだが、より大きな視点に立つと、判断を誤ったことになる。この場合、自動車メーカー側の犯罪となるのか。こうした結果まで考慮して判断できる、より良いアルゴリズムを競合他社が使っているとしたらどうだろう。このような、より広範囲にわたってより良い決断を下せるようエージェントの知性を高めるべきだとする圧力に際限はない。それがもっともっと高度なエージェントを生み出そうとする熾烈な競争を助長し、結局は汎用AIが完成、といった状況にもなりかねない。こうして超AIが誕生し、「歩行者を殺す」という表面的には悪い決定を下して裁判沙汰となり、超AIが「おかげで何千人もの命を救えた」と主張し、陪審員がそんな因果関係などあり得ないと反論したらどうなるのだろうか。

より高度な知性を物に与えるべき、との倫理的圧力はこのように確かに存在するわけだが、その一方で人々が特化型AIなら抵抗なく使えると感じるの

Chapter 12 Utopia, Dystopia, and Cat Videos

は、特化型なら明白な倫理的問題を伴わないからだ。特化型AIは所定の任務を果たすべく作られた機械にすぎない。ただ、企業や組織が「より高度な知性をエージェントに与えるべき」との圧力に屈して対策を取り始めるのであれば、「人間性」を画する哲学的な一線をどこかに引かなければならない。エージェントをその一歩手前で踏みとどまらせ、不本意ながら奴隷の地位に甘んじさせる、その一線を。欧州委員会では2017年1月に概念的および法的な視点からAIの人間性の問題に関する検討を始めた。本格的な問題が生じる前に、欧州連合も含めて全世界の機関が何らかの合意に達し、法的制度や文化的規範を定めてくれることを期待したい。

超人的な違反

エージェントは一定の振る舞いを見せ、言語を使うことが多いため、同じ作業を人間が自ら行う場合に活用する支援ツールに比べて、ユーザーに人体計測的対応を求める機会がはるかに多いと思われる。ユーザーは「これは汎用AIだ」と承知していても、そうした場面でフラストレーションを募らせるだろう。だがそれだけではなく、ユーザーの人体計測的対応は人間の騙されやすさや礼儀正しさに付け込む形で、セキュリティを破るソーシャルエンジニアリング系のハッキングにも利用される恐れがある。たとえば、マイクロソフトの音声アシスタント機能「コルタナ」に対するユーザーの音声リクエストを傍受し、「コルタナ」の声色を使って「記念日や誕生日を記憶して、その日が近づいたらお知らせしましょうか？　連絡先へのアクセス許可をいただければ私のほうで設定しますが」などと尋ねる悪質なアプリ。ユーザーがアクセス許可を与えれば、ニセの「コルタナ」はその人の個人情報へのアクセス権を得、これを今後、犯罪（たとえばメールを使った「フィッシング」、電話等の音声案内を使った「ビッシング」、SMSを使った「スミッシング」などの詐欺）に利用するという寸法だ。

倫理的規範を重んじるデザイナーであれば人体計測的対応を抑制しようと努めるはずだが、それでもエージェントが本物であることを認証するための検証方法は必要になる。それよりもさらに少し先の将来には、ユーザーが信頼している人の振りをするエージェントを識別する方法さえ必要になるかもしれな

い。そういう場面でより良く対応できるセキュリティエージェントが登場してくれることを切に願っている。

サービスを99％提供するエージェント

　人間に比べればエージェントのコストは安い。はるかに安い。しかも疲れ知らずだし、ほぼ無限に複製可能だ。おまけに準備態勢は1日24時間整っている。こうした点を考え合せると、営利を目的とした組織なら、可能な限りカスタマサービスを人間からエージェントに切り換えたくなるのももっともな話だ。現にカスタマサービスではもう自動音声応答システムが採用され始めてしまっている（シャクに障るような対応をするものもあるが）。時たま顧客の怒りを買うことぐらい、コスト削減効果に比べれば些細なことなのだ。幸い今も多くの企業が自動音声応答サービスの後ろに生身の人間を控えさせているが、この生きたスタッフにつないでもらうのがひと苦労なのだ。何とか自動音声のほうで済ませてもらおうと、あえて大変にしてあるのだろう。こうした「エージェント化」の動きが労働市場から見て何を意味するのかは後で述べるとして、まずは社会的な「層化」との関係を見ていこう。

NOTE 人間ハッキング

　　自動応答システムを嫌う人はかなり多いらしく、この「デジタルフェンス」を回避する方法を公開している草の根運動的なサイトさえ生まれている（たとえばgethuman.comやdialahuman.com）。こうしたサイトでは（非公開の）直通電話の番号や、人間の担当スタッフに到達するまでにプッシュする必要がある一連の番号がまとめて掲載されている。人間と話したい一心でハッキングをしているわけだ。

　経費の節約にはなるが気の利かないエージェントをあえて使うか、それとも人件費がかさんでもしっかりした人によるカスタマサービスを提供するか、企業が選択を迫られているとすれば、答えは明白──「儲けにつながりそうにない

Chapter 12 Utopia, Dystopia, and Cat Videos　　243

顧客に対してはエージェントを使え」。つまりその手の顧客は、一般的な問題を解決できないシステムとやり取りさせられるという寸法だ。結局のところ「規則を曲げる」というのは、人々がいかに長きにわたって、脆弱で権威主義的で柔軟性に欠けるシステムを使って個々の状況を処理してきたかを垣間見させる慣習のひとつなのだ。「お財布をお忘れで？　いえいえ問題などございません。あなた様は私共のお得意様じゃありませんか。次回お越しの折にお支払いくだされればよろしいんです」。マイナス面で言うと、これは賄賂文化につながる。エージェントが軽く咳払いをして（バーチャルな）手のひらを差し出し、仕事をしてほしかったら金を出せと要求するような事態は誰も望んでいない。とはいえ、富裕層が人間の担当者に対応してもらえて柔軟な扱いを受けているのを尻目に、大部分の国民を融通のきかない規則に縛られたサービスに甘んじさせる、というのも望ましいことではない。エージェントではなく生きた担当者に対応してもらえるという状況が、自らの財力を誇示するための顕示的消費のステータスシンボルとなる可能性さえある。高価であることを誰もが知っているからこそ、紛れもない贅沢の印のひとつになるわけだ。

　企業はこうやってエージェントを使うことでセルフサービスを推奨し、あらゆる手を尽くして生きた担当者へのアクセスを制限しようとする。また、我々開発者はエージェントを極力賢く礼儀正しく人間味あるものにしようと努力を重ねるが、エージェントが人間になることは決してない。

持たないことのリスク

　完全なセルフサービスの対極にあるとも言えるのが、ユーザーに本質的な優位性をもたらすエージェントだ。エージェントは疲れ知らずで迅速で、対象分野では非常に賢く振る舞うことができる。反応時間が成功のカギとなる場合はエージェントを利用するとよい。好例のひとつが証券市場におけるアルゴトレード（Algo trading）だ。エージェントがデータストリームやSNSを監視し、株価や出来高などに応じて売買注文のタイミングや数量を決め、人間や市場の対応速度よりはるかに速く（1マイクロ秒以内というすばやさで）注文を繰り返す。この場合、カスタマーサービスとは違ってエージェントの存在が不利益にはならず、むしろ有利に働く。エージェントを持たないことがリスクとなり得る。株の取り引

きは、今後もずっとエージェントなしでできるのだろうか。ボットの優劣によって利用料金に差がつけられるといったことは起こり得るのか。優秀なアルゴリズムを実装したエージェントほど優位に立つわけだから、オープンソースになりはしないだろう。

　株式以外の市場でも、たとえばサンフランシスコや東京など家賃の高い地域でマンションを借りたい人のための賃貸仲介エージェントや、学生のために最良の参考文献を紹介したり指導をしたりする家庭教師エージェント、最適な仕事を見つけて給与交渉までしてくれる就活エージェントなどが考えられる。いずれも優秀なエージェントほど高額で販売される商品となるはずだ。こうした商品の激しい開発競走は回避できるのか。それとも、しのぎを削る開発競争は市場には付き物なのか。これからの社会を構想する時には、どんな「競争の場」を育てたいかや、「エージェントの利用を制限するべきなのか、それとも全員が同じエージェントを使って勝負するべきなのか」などを検討する必要があるだろう。

ロボットのコンポーネントの寿命

　ロボットは、その行動（や思考）を実装するためにエージェント型ソフトウェアを搭載したり、エージェント型ソフトウェアと協働したりするようになるだろう。また、必要に応じて、ロボットからロボット、デバイスからデバイスに移動できるエージェントや、同時に多数のロボットやデバイスにまたがる形で動作するエージェントも登場するのではないかと思う。こうした機能はサービスの連続性を保つ上では非常に重要だが、そのおかげで「物理的なパーツ」は、エージェント全体から見ると「廃棄可能なコンポーネント」と見なされるようになりかねない。エージェントが特定のマシンに依存しない「ゴースト」となるわけだ。ハードウェアはソフトウェアとは違って物理的に壊れやすい傾向があるから、ロボットやハードウェア部品の提供企業が耐久性やリサイクル性よりもコストを重視する要因となりそうだ。そうなれば我々現代人のテクノロジー漬けの生活が生み出した、すでに巨大なゴミの山に、壊れたり廃棄されたりしたエージェントのコンポーネントがさらに加わるということになりかねない。デザイナーはハードウェアに関する決定を下す際には、環境面のコストも考慮しなければならない。

エージェントは何個だと「多すぎる」と感じる？

「エージェントが急増の可能性を秘めていること」には、すでに本章の最初のほうで簡単に触れた。最終的にはどのくらいまで増えるのか。朝起きて、歯ブラシエージェント、歯磨き粉エージェント、デンタルフロスエージェントも使わないうちから、健康管理エージェント、通勤エージェント、財布管理エージェント、家族エージェントにつきまとわれるなんて必要があるのだろうか。

ここで、マンマシンインタフェースを専門とする米国の研究者であり起業家であるデイビッド・ローズが、IoTに関する著書『Enchanted Objects［魔法をかけられた物］』の中で描き出した未来の世界を紹介しよう。賢い技術はすべて「テクノマジックな」物の中に埋め込まれ、それが人間の身の回りの品々となっている世界だ。たとえば、出かけようとすると玄関の傘が呼びかけてくる――「今日は雨が降りますよ」。老後資金確保のための投資信託の株価が下落すると机の上のランプが赤く灯る。飾り戸棚の扉が自動的に開いてディスプレイが現れ、恋人や連れ合いや子供の画像が映し出される。この3つの未来像と対比する形で、デイビッド・ローズはディストピア（暗黒世界、反理想郷）の例も3つ紹介している――金切り声や怒声を発するスクリーンに覆い尽くされた世界、新しい科学技術で人間を超人的な存在に変えようというトランスヒューマニズムが現実のものとなった世界、そして人間とのコミュニケーションを主眼とする「ソーシャルロボット」に支配されてしまった世界だ。ロボットにもその内蔵エージェントにも焦点を当てることで、ロボットだらけになってしまった世界を描き出し、読者の不安を煽っている。

デイビッド・ローズは未来のエージェントの「階級」のシナリオも想定している。その昔、貴族の屋敷で働いていた召使いたちの上下関係のようなものだ。下男やパン職人もいたが、館の主人と主にやり取りしていたのは執事で、この男が他の召使いに主人からの命令や情報を伝えた。これはユーザーの目には悪くない仕組みとして映るだろうが、エージェントの供給元はエージェントとユーザーの間に仲介役が入ってほしいとは思わないだろう。コモディティ化のリスクを避けたいからだ。代わりにミドルウェアエージェントを生み出して、必要な穴埋めをすることになるかもしれない。（ユーザーとではなく）他のエージェントとやり取りするようカスタムビルドされたミドルウェアエージェントだ。

246　　　　　　　　　　　第12章　ユートピア、ディストピア、ネコ動画

ミドルウェアエージェントと聞いて思い出すのがサルだ。英国の人類学者ロビン・ダンバーが1990年代に「ヒト以外の霊長目の大脳の新皮質の大きさと、平均的な群れの大きさには相関関係がある」という仮説を提唱した。霊長目の脳には、安定した関係を維持できる個体数の認知的上限があるというのだ。群れが大きくなりすぎると神経質になったりパニック状態に陥ったりして争いが起き、何頭かが群れから追い出されるか、あるいは下位群が生じ、分かれていくことで、本体の群れが妥当な大きさに戻る。

　ダンバーはこうした霊長目に関する研究結果をヒトにも応用し、次のような仮説を立てた──「相手の（素性やモチベーションなど）内面性を自然にトラックできる緊密な関係にある集団の人数には上限があるはずで、この集団に含まれない人は『物』として扱うか、あるいは感情を交えずに扱わざるを得ない」（興味のある人のために書いておくと、人間のダンバー数は150人前後だとされている）。この説によれば、ダンバー数を上回る人を集団に加えると、代わりに誰かが抜けなければならないという。話を元に戻そう。未来のエージェントが人間の心の中でこの「集団」に加わることはあるだろうか。恐らくはないだろう──エージェントとの接触がそれほど重要なものではなく、道具としての補助的なものである限りは。だが非常に洗練されたエージェントなら、ダークなことが起きる可能性も否定できない。エージェントが自分の代わりに人間を追い出したり、我々が日常的に接するエージェントの数を最小限に抑えたくなるといったことが起きるかもしれない。

NOTE 人脈アプリ「チャーリー」

　150人限定の「集団」に入り込もうとしているエージェントはすでに登場しているようだ。たとえばカレンダーを見るアプリ「チャーリー（Charlie）」だ。ユーザーのスケジュールを監視して、誰かと会う予定があることを知ると、その人（たち）に関連する最近のニュースなど話題やネタのサマリーを送ってくれる。これを活用すれば「合併してからの会社の様子はどうですか？」といった会話ができる、という寸法だ。相手は「合併について知っているのだから、私の仕事や生活に興味を持ってくれているのだろう」と思い込むが、実はエージェントの働きにすぎない。チャーリーを使うと、人の動向を追跡する必要が

なくなり、チャーリーを追跡するだけで十分になる。

　もっとも、非常に抑制の効いたエージェント——とくに言葉を使わないエージェント——であれば、ダンバーの言う緊密な関係の集団において、ペットや家畜に似た位置を占めることもできるかもしれないとは思う。そもそもペットや家畜がそうした集団に入れるのか、入れるとすれば何匹くらいなのか等を調べた研究があるのかどうか、筆者の知るところではないが、存在的にはおそらくペット1匹は人間ひとり分よりも小さいのではなかろうか。今後の研究が期待される。ただ、我々の作るエージェントが、エージェント間で相互に連携できるようになったら、ある時点で下位に降格させて仲介役のエージェントに管理させる可能性もある。

　エージェントが「人間性」を持つ、という考え方に対して前向きな姿勢を取りたいのか、それとも否定的な姿勢を貫くか。どちらを選ぶにしても、それをどう表明するのか。こういった点をエージェント型システムのデザイナーは考慮するべきだ。

エージェントに任せると担当者の腕が鈍る？

　エージェント型技術に関するプレゼンテーションをしていて、よく受ける質問の中に「ある作業をエージェントに任せると、担当者の腕が鈍ってしまわないでしょうか？」というものがある（お近くで開かれるカンファランスがありましたら喜んでうかがいますので、どうぞ開催担当者にご紹介ください）。答えは、ひと口に言うと、「Yes」だ。（定期的に「練習」をすれば向上するスキルもあるが）使わなくなればスキルは鈍る。

　もう少し詳しく言うと「大抵のスキルは使わなくなれば鈍る」。定期的な訓練が不要なスキルもあるにはあるのだ。その典型的な例が「街中を自転車で走る」といったスキル。こういう気楽な乗り方なら、一旦身につけてしまえば練習なしでも久しぶりでも別に問題はない。だが同じ自転車でも、ものすごいスピードで疾走したり山道を走ったりするなら、訓練なしだとスキルを保ちにくい。

　とはいえ、エージェントが作業を続けるかたわらでユーザーが訓練をしてよ

くない理由はひとつもない。たとえばスポーツ写真家が、ドローン搭載のエージェントに撮影を任せ、その一方で自分も手に持ったカメラで撮影している、といったケースだ。エージェント型技術の基本的な利用方法からは多少ずれている気もするが、写真家がエージェントを「万一の時の安全策」として使っているとしたら十分納得が行く。この場合「手動」のほうではリスクを承知で大胆な撮影が可能になり、万一失敗したとしても、有効性が実証済みの手法でエージェントが撮影した写真を使えば事足りる。むしろこうやってエージェントを併用することで、ある意味、写真家の技能が高まるとさえ言えるのだ。

　ただしこれは例外的なケースだと思う。大半のエージェントは「万一の備え」ではなく主たる作業者として使われるはずだ。その場合の担当者のスキルは鈍るのだろうか。

　心に留めておきたいのは、現代でも数多くの「昔ながらの」技能が、職人本人の満足のために、あるいはまだ需要があるという理由で、ひと握りの人々の手によって守られている点だ。絵画は写真に駆逐されることなく表現芸術となった。また、今や靴は多くが工場製だが、だからといって靴職人が絶滅してしまうことはなく、富裕層をターゲットに高価な靴を作っている。さらに、自動運転車が登場してもドライブがすたれるわけではなく、これからも車好きな人たちが余暇の楽しみとして続けていくだろう。そして、米国のSF作家ニール・スティーヴンスンが1995年に発表した冒険SF小説『ダイヤモンド・エイジ』の舞台は、ナノテクノロジーが普及した未来の世界だ。あまりにもナノテクノロジーが普及しすぎたために、手作りの品が富裕層のステータスシンボルとなって、手作り品に対する需要が増大し、結果的にその技能が向上していく。もちろんフィクションではあるが、非常に読み応えのある作品だ。このように、ひとりひとりに焦点を当てれば「腕が鈍る」とも言えるが、文化全体に目をやると、スキル自体が消え失せてしまうわけでもない。

　ところで、技能喪失に関わるエージェントの活用法はもうひとつ考えられる。継承者が減り続けて将来的に「絶滅」してしまいそうなスキルを特化型AIに学ばせる、というものだ。たとえば、本書の執筆開始時点では、米国本土の先住民の言語「ウィチタ」を流暢に話せる人が一人だけ存在していた。ドリス・マクレモアという人物だ。「言語習得エージェント」を作り出せれば、マクレモアの存命中にこの言語を一部分でも保存できたかもしれない。そうすればドリス・

Chapter 12 Utopia, Dystopia, and Cat Videos　　　　　　　　　　　　249

マクレモア亡き後もウィチタの言葉自体や、文化にまつわる記憶を守り続けることができ、その意味でこの言語を操る技能を失わずに済んだかもしれなかったのだ。だが残念なことに、ドリス・マクレモアは2016年8月30日に亡くなってしまったので、もはや不可能になってしまった。

ここで最初の質問に戻ろう——「ある作業をエージェントに任せると、担当者の腕が鈍ってしまわないでしょうか?」。この質問に対する、よりうがった答えは「人類は昔からこうしたトレードオフのある状況で何とかやり繰りしてきた」というものだ。あなたはパンを食べるだろうか? 食べるとしても、自分で小麦の種をまき、育て、収穫し、製粉する方法をすべて知っている人はそうそういないはずだ。それでもパンが食べられるのは、我々が「社会」と呼ぶテクノロジーを有するおかげだ。社会のメンバーひとりひとりが手に職を付け、ワザを磨くことで生計を立て、生きていくために必要な他のものはすべて市場で手に入れられると信じている。

「小麦の栽培は、農業従事者でなくても万人にとって暮らしに不可欠なスキルだ」と主張する人など、まずいない。にも関わらず大多数の人が(間接的にでも)そのスキルに依存する形になっている。自分が習得していないスキルについて語る場合なら、こうした状況にも別に違和感を持たない。しかし自分が若い頃に習得し、以来長年にわたって使い訓練し続けてきたスキルとなると、何とも微妙な気分になる。たとえば車の運転——筆者の息子が、自動運転車があるのだから車の運転を習わないかもしれない、という状況を想像すると妙な感覚に陥るのだ。だが、そもそもなぜ車の運転を覚える必要があるのかと、あえて自問してみる。息子はハンドルを握らなくても快適に暮らせるか。答えは「もちろん」だと思う。時代が進めば進むほど、さらに確信をこめて「もちろん」と答えるだろう。運転よりさらに人の命を左右する可能性の高いスキルを考えると、前述の「妙な気分」はいよいよ強くなる。たとえば手術は将来エージェントのほうが人間よりも上手になるかもしれない(確かな腕前で何十年も手術を成功させてきたエージェントでなければ手術をしてもらいたいとは思わないが)。

気難しいご老人なら「若いもんが肝心かなめの手わざも身につけないから、年々歳々鈍くなるんじゃないか」と小言を言いそうだが、筆者はそうは思わない。たしかに若い世代が我々とまったく同じ知識やワザを身につけることはないかもしれない。だが、だからといって我々より「ものを知らない」ということにはなら

ない。たとえば運転の仕方なら、それを覚えるために使われていた脳の部分が、他のスキルを学ぶために使われる。若い世代は若い世代で、また別のことを習い覚えるのだ。たとえばエージェントの（小規模な）グループの管理方法とか、より少ないリソースでより多くの成果を出すコツとか。先輩世代から受け継いだ複雑なこの世界を管理する術を身につけ、磨いていくのだ。その次世代の世界でのナビゲートにどんなスキルが求められるのか、予測は非常に難しい。だが若者たちは、少なくとも現代の社会を管理してきた我々に負けない落ち着きをもって未来の社会を管理していくことだろう。我々が首尾よく務めを果たせているのなら、若い世代もうまくやって、さらなる成果をあげるはずだ。

　エージェントに仕事の一部を任せることで我々の腕が鈍るというのは、社会の進化には付き物の現象なのかもしれない。産業革命の際にも、コンピュータ革命の黎明期にも、機械やソフトウェアに多くを託したし、今後はさらに多くをエージェントに託していくのだろう。そしてついに「AI革命」が現実のものとなった暁には、史上類を見ない量の仕事を託すことになる。

エージェントに頼りすぎの社会を作ろうとしている？

　これは、前掲の「エージェントに任せると担当者の腕が鈍る？」と同類の疑問点だ。以下ではこれを敢えて悲観的な視点から見ていく。

　第3章で紹介した銃声検知システムShotSpotterは、マイクを介して銃声を検知すると瞬時に発砲地点を特定してくれるので、警察は迅速に対応できる。だが、発砲があった事実を近隣の住民に知らせる機能がShotSpotterには（まだ？）ない。ShotSpotterが動作するのを2、3度経験した住民は、銃声を聞いても110番しなくてよいと思い込んだりしないだろうか。そうやって責任感覚が麻痺してしまった場合、ShotSpotterの故障中に発砲事件が起きたらどうなるのか。システムが再稼働するまでは、犯人は無事逃げおおせるということか。そういうことなら、システムが発砲音を検知し警察が現場に急行するたびに住民に知らせ、市民としての責任や義務を改めて自覚してもらうようにすれば問題は解決できるかもしれない。だがエージェントによっては、この手の（過度の）依存の問題に簡単な解決策がない場合もある。

　筆者個人は日常の雑用の一部分を、別に違和感なく人に任せている。ひと

Chapter 12 Utopia, Dystopia, and Cat Videos　　　　251

つには、筆者自身が他の雑用をやってあげていて、「お互い様」だからだ。しかしエージェントは（素のままでは）「助け合いの精神」とか「共感」といったものを持ち合わせない。人間は他者を信頼することを心地良く感じる。汎用の知能があるからだ。たとえば地震に襲われたら、互いに助け合って復旧の努力を重ねていく。だが特化型AIに依存するとなると話は別だ。特化型AIには汎用の知能がない（特化型AIとはそういうものなのだ）。だから、まったく新しい状況に対処することができない。そういうものをベースに文明を築くのは無理がありすぎる。そんなエージェントに依存するのではリスクが大きくなってしまう。自動運転車のおかげで誰も運転ができなくなった状況でネットワークがダウンした時、重病人が出たらどうしたらよいのか。「農場ロボット」がハックされて動かなくなってしまい、自分たちで野菜や果物を育てなければならなくなったが、誰も収穫の方法を覚えていない、という状況に陥ったらどうしよう。メールではなく郵便を送らなければならないが、利用者の激減により郵便制度そのものが廃止されてしまったらどうだろう。こんな具合になってしまったら、社会の機能は徐々に衰えていくだろう（これはオブラートに包んだ言い方だ。もっと露骨に言うと「困難や苦悩に満ちた日々が訪れ、死までも覚悟しなければならないかも」といった具合になる）。そのため、汎用AIを促進するというのはひとつの戦略ではあるが、デザイナーやプロダクトマネージャーにとってそこまで考慮するのは大変なことだ。ただし訓練とハンドオフの機能を周到かつ堅固にデザインしてエージェント型技術に組み込むよう努めることならできる。同じようなことを大規模なシステムでどうすればよいかは、はるかに難しい問題だが。

エージェント型技術は我々の視野を狭める？

　2016年の米国大統領選挙の結果に驚かされなかった人はいないと言っても言いすぎではないだろう。選挙調査や世論調査の専門機関の予想でさえ大外れだった。それにしても我々は途轍もなく相互接続の進んだ世界に住んでいたのではなかったのか。何でも「お見通し」だったのではなかったのか。なぜこのような驚きの結果となってしまったのか。
　原因はSNS、とくにフェイスブックだとする人は多い。『フォーチュン』誌のテックライター、マシュー・イングラムもそのひとりだ。好ましくないと思う声を

ブロックしてしまう機能を与えられた我々ユーザーは、自分と似たような好みや信条の人たちとネットワークを作る傾向が強くなり、なじみのある考えだけに接するようになってしまったと言うのだ。フェイスブックのニュースフィードは、反対意見にも進んで耳を傾けようとする開かれた心のユーザーの足さえ引っ張る。ニュースフィードは、何百万、何千万という項目の中から、ユーザーが注目に値すると思われるものを探し出し、それを提示するエージェントであって、やるべき仕事をしっかりやってきたにすぎない。当然ユーザーの側も、見せられるものを嫌うはずがない。そういう状況が長く続いたのち、最近では毛色の違った反応や意見も登録できるよう変更されたが、その理由をエージェントに知らせる良い方法はなかった。ユーザーが、自分がどのようなものを見たいのか、そしてそれはなぜなのかをエージェントに説明する明確な方法が見つからなかったのだ。

　これはクリエーターやデザイナーにとっては大問題だ。なぜかと言うと、この事態から次のようなことが推測できるからだ――「万一障害が発生した場合のリスクが大きなシステムでは、ユーザーが自分に都合の良いように設定できる機能を提供するだけで悪影響が出かねない」。確証バイアスや、不快な認知的不協和を避けたがる傾向など、人間本来の弱点が災いして、我々は自分の観点に合わない情報よりも心地良い賛同や肯定が得られるようなフィルターバブルを作り出す傾向があるのだ。我々がユーザーのためにデザインするエージェントのトリガーやビヘイビアを変更するツール――より心地よいエージェントを作り出すための手法――が、まさにそれに当たることはきちんと理解しておかなければならない（第8章参照）。この現象は物理的なタスクの場合は問題を生まないかもしれないが、ニュースや情報を処理するタスクに関しては大問題なのだ。

　ところで、第3章で、レシピというはるかに中立的な分野における「ドリフト」を紹介した。ドリフトとは、エージェントがユーザーに、自分の嗜好の枠から外へ一歩踏み出して新たな物事を発見するよう促すことだ。こうしたドリフトの対象に食べ物以外のもの――たとえば物の見方や政治的な見解など――を含めることは可能だろうか。より大きな世界観を持つようユーザーに促すことは可能だろうか。

人間はエージェントに仕事を奪われる？

　大学4年の夏、テキサス州政府の仕事をした。まずハリス郡を回って、低所得地域で提供できそうなサービスを探したり考えたりする。具体的には、サービス内容（食事、シェルター、職業訓練、カウンセリング、ベビーシッターなど）、利用の時間帯、資格や要件、制約、提供者の電話番号や住所などだ。それを一貫した、わかりやすい形式で書類にまとめ、3つ穴のバインダに綴じ込む。そうやって作成した書類は、後日コピーされて郡のソーシャルワーカーに配られ、ソーシャルワーカーはそれを被援助者との面談で活用する。今振り返ってみると、あれは今「検索エンジン」のやっている仕事だった。

　こんな経験談を持ち出したのは、そう、科学技術の発展に伴って職を失う人が出てくるという事実を思い出して欲しいからだ。こういうことは過去にも常に起きていた。それに、必ずしも悪いことではない点にも注目して欲しい。検索エンジンのほうが当時の筆者より圧倒的に速いし細かいし、あのバインダの資料よりはるかに新しく有用な情報をまとめられるのだ。

　人間の仕事が新技術に取って代わられることは、今考えると必然とも思える。ただ、世の中を見回して、経験豊富で有能な人々が支えてきた職業の一角が消え失せてしまうことを認めるのは辛いものだ。トラックドライバーや資産管理担当者、作家といった職業がAIに取って代われたら、我々人間はどうするだろうか。これまでの数十年間は大半の社会で、時流に取り残されて廃れてしまった職業の元従事者の再雇用が成功裏に果たされてきた。たとえば電話交換手をしていた人が、失業後、放置されていたわけではないのだ。だが世界が享受するに至った現在の大規模な科学技術関連のインフラを思うと、こうした「置き換え」のスピードが昔よりはるかに増すのではないかとの不安が湧いてくる。以前と同じように対処するにはあまりにも変化が速すぎるのだ。我々に何ができるのだろうか。

　より良い、そしてより迅速な職業再訓練の仕組み作りを試みることは可能だろう。これはいずれにしろやらなくてはならないことだ。だがこの戦術だけに依存するわけにはいかない。

　『人工知能は敵か味方か』（日経BP社、2016年）の著者ジョン・マルコフのように、「人間の置き換え」より「人間拡張（ヒューマンオーグメンテーション）」に注力

すべきだと主張する者もいる。同書の表現を借りると「オートメーションではなくアシスタントに注力すべきだ」と忠告しているのだ（この「アシスタント」にエージェントが含まれるのかどうかはわからないが）。こうした新技術は、自分の手を煩わさずに作業を「こなす」力を人間に与えてくれる一方で、人間がその作業をする機会を奪ってもいるわけなのだ。

　かと思うと、より広い視点に立って、文明にまつわる最大級の疑問を投げかけている人もいる。「仕事という概念そのものを見直す時が来たのでは？」と言うのだ。我々人間はすでに手持ちのリソースで必要なものを十分生み出せるだけの生産性を誇っているのだから、そもそも仕事をしたいのか否かを個々人に判断させることも可能なのではないか。こうした疑問からはまたさらに、やる気、不平等、市場の効率性などに関するさまざまな疑問が湧いてくるが、識者の中には、このすべてを考え合わせてなお「イエス」という答えを出した人たちがいる。詳細を知りたければ、最低所得保障や仕事担保などを扱った著書や論文を参照してほしい。

　この問題をどう捉え、どう対処するかに関わらず、我々は前に進まなくてはならない。現時点での経済的要因を前にして「エージェント型技術革命は到来しない」などと想像するのは不可能なのだ。見て見ぬふりをしているうちに弱点を突かれる、といったことは避けなければならない。

エージェントは人間の自己認識にどう影響するか？

かつてジークムント・フロイトはこう指摘した──人類の超自我は歴史の流れの中で数回「大降格」を経験した。そのいくつかを振り返ってみよう。

　その昔、人間は「我々こそが宇宙の中心。星、太陽、月、惑星が（時に複雑な軌跡を描いて）地球の周りを回っている」と無邪気にも信じ込んでいた。そこへコペルニクスが登場し、その能天気な考えを正した。地球が宇宙の中心ではないことを立証したのだ──月は地球の周りを回っているかもしれないが、地球をはじめとする惑星は太陽の周りを回っている。そして地球以外の惑星にも月を持つものがある。時代は下って、我々は地球が銀河系の中心からもだいぶ外れた所にあることを知る。おまけに太陽系は銀河系内を公転していた。英国の

SF作家ダグラス・アダムズの言葉を借りれば、太陽系は「銀河系の西の『腕』の一角にあるド田舎の、宇宙地図にも載っていない僻地のそのまた外れ」にあるという。しかも太陽系は宇宙の観測可能な範囲にある4,000億の銀河のひとつでしかない(この数字も現時点のものにすぎない)。

「ふーん、そうなのかい」と超自我はおでこをなでなで考える。「だが少なくとも動物界の頂点にゃいるんだからな」。「きみ、早とちりをしちゃいけない」と毛皮を脱ぎ捨てながら遮ったのはチャールズ・ダーウィンだ。「我々人間には、他種に誇れる完璧な能力などひとつとしてないのだよ。知覚、脳の大きさ、持久力、言語運用能力、平和的な性質、利他的な行動、生物学的な寿命のどれを見ても、ヒトを凌ぐ種が存在する。ヒトが世界規模で拡散したのは、たまたま更新世末から完新世にかけての生態学的『ニッチ』に最適な唯一の種だったからで、実態はというと、進化上のひどい障害を山ほど抱えた、半ばランダムなプロセスから偶発的に生まれた種にすぎない。遠大な構想の最終状態だなんてとんでもない。地質時代から有史時代と、複数の時代区分をまたいで成長と変化を続けてきた、うさんくさい藪の中の幸運な一枚の葉っぱにすぎない。長生きという点では、ゴキブリのほうがはるかに上だし」

「じゃ、おれたち、選ばれし神の子じゃなかったのかい?」超自我は何でもいいから一番強い酒はないかと酒の棚を覗き込みながら尋ねるが、「地球規模のコミュニケーション」と「他文化への鋭い洞察力」と「比較宗教学」がその手からショットグラスを奪い取ってこう答える──「そうさな、そりゃ、学者さんたちに認められた何千って神様のうち、どの神様に尋ねるかによるわな。たとえばこのうちどれかひとつの神様を信じるなら、いや、どれかひと握りの神様たちを信じるんでもいい、するとそれは他の何千って神様と、それを崇拝してる人たちの存在を否定することになるわけだ。そうやって他の宗教を全否定して、その上さらに、運良くドンピシャリの場所と時代と文化と家庭に生まれて、たまたまその家族が信仰してる宗教の教えが『我々は神の唯一の特別な子』だったなら、お前たちは選ばれし神の子、ってわけさ」

「けど、少なくともおれはおれの心のご主人様さ」と、部屋の暗い隅っこで膝を抱えて身体を揺すり、超自我は言う。「ちょっと待て」と多分その暗闇から現れたフロイトがクチバシをはさむ。「精神分析学の見地からすると、人間は自分の心の主などではないぞ。とうの昔に忘れ去った事柄や、潜在意識にうごめく

欲望の事後正当化の影響下にある人間には、性的本能を手なずけることもできなければ、現実的感覚を生む知覚の寄せ集めを信じることもできない。人間の意識というのは、実は潜在意識に決定されている言動を正当化するためのエンジンに過ぎないのだ」

なんてかわいそうな超自我。もうどこかへ姿を消してしまったけれども。

栄えある「宇宙の中心」からのこうした悲惨な「大降格」以外にも、我々人間が直面している現実がある。人間よりも事故が少なく効率的に運転できる技術を作り出してしまった現実。日常生活には付き物の雑用を人間よりもしっかりきちんとこなしてくれる機器を作り出してしまった現実。人間よりも強い囲碁プログラムを作り出してしまった現実。究極的には、こうしたものがこの地球を人間よりうまく運営していくのかもしれない。よりエコロジカルに、そして、戦争も病気も飢餓も不平等もはるかに少なく。長期的に持続可能な幸福を、人間よりもうまく実現するのかもしれない。

「我々自身も神の意図の一部」と言うが、それは一体どこの話なのか。我々人間は、汎用AIなどの高等な知能を生み出す使い捨ての繭にすぎないのか。それは人間の自己意識にとって、何を意味するのか。「地球という惑星で、割り当てられた時間をいかに過ごすか」という課題に対する意味は何か。

この問題から、エージェント型技術のプロダクトマネージャーやデザイナーに役立つ原則や必須要件を引き出すことは、ここまでにあげた他のどの問題からそれを引き出すよりも難しい。ただもうこの問題の存在を認識するだけで、あとは「幸運を祈る!」しか手がないのかもしれない。

つまりは汎用AIが求められているということなのか?

「フェルミのパラドックス」と呼ばれる哲学的、科学的な問題がある。イタリアの物理学者エンリコ・フェルミが「はるか昔に誕生した宇宙に、莫大な数の銀河があるにも関わらず、地球外の文明があることを示す証拠が皆無であるのはなぜか? 地球上で起きているような『生命の爆発』が他の星でなぜ起こっていないのか?」と疑問を投げかけたのだ。これに対しては諸説が提示されてきたが、そのひとつに、知的な種が生まれても、そのすべてを進化の過程で破壊して

しまう「グレートフィルター」なるものが存在する、という説があり、人類を破壊するのは汎用AIに相違ないと信じている人が一部にいる。

そのうち悪い方向へと向かうのは、恐らく軍事用AIだろう。戦争用に開発されたドローンや大型ロボット犬が、システムアップデートの失敗で凶悪な殺戮マシンに豹変する可能性はないのか。我々の作り出した軍事用AIが我々自身に襲いかかるよう誰かがコンピュータウィルスを作る可能性は？

こうした事態は、果てしない効率化が原因なのだろうか。スウェーデン出身の哲学者であり、『Superintelligence: Paths, Dangers, Strategies［スーパーインテリジェンス——その方向性、危険性、戦略］』の著者であるオックスフォード大学のニック・ボストロム教授が2003年に提唱した「ペーパークリップ・マキシマイザー」という仮想的なシナリオを紹介しよう。ニック・ボストロムは思考実験を行って尋ねた——誰かが汎用AIに「全力を尽くしてクリップをできるだけ沢山集めろ」と命じたらどうなるだろうか。この汎用AIは命令に従おうとして、クリップを買ったり集めたり作ったりするだろうが、それだけでは収まらず、委託された権限を拡大するべく、クリップ絡みの機能そのものを改良し、倫理的な枠組みには規定されず「もっともっとクリップを所有したい」という欲望に駆られて動く超AIに変身してしまう恐れがある。その超AIは、都市の建設など人間の他の活動に使われるはずの金属を奪い取ったり、人間の血液に含まれる鉄分を集めようとしたり、太陽系内で入手可能な物質を使ってクリップを作り、土星の環のように地球を周回する環にしたりするかもしれない。

それともそれは「必然」なのだろうか。人類は大昔から努力を続けてきたにも関わらず、未だに暴力的な本性を完全には制御し切れていない。もしも前述の超AIが感覚を持つようになり、この世界における人間の立ち位置を評価する目が開かれたとしたら、我々をどう評価するだろうか。「問題を抱えているため世話を焼いてやらなければならない（抑制してやらなければならない）ご先祖様」だろうか。「本来ならばうまく機能しているはずのエコシステムを台無しにしているバイキンやガンのような存在」だろうか。そもそもその超AIが人間に「きちんとした」目を向けるのか。もしかすると我々が動物たちに対してやっているように、撥ね付けたり存在そのものを忘れたりするかもしれない——真に興味深い対象ではなく、支配や搾取の対象にしてもまったく問題のない愚かな生物として。

倫理的枠組みをハードウェアに組み込む形で汎用AIに与えてみる、という

手もあるかもしれないが、それをやるならどう実装すればよいのか。それに、すでに数千年もの間、さまざまな文化、言語、信条の国や地域で努力が続けられてきたにも関わらず、万人が賛同できる倫理規定を策定できた者はまだひとりもいないのだ。そもそも「汎用AIに倫理規範を組み込む任務を負ったプログラマーは、より良い成果が出せる」と我々に信じさせる要因は何なのか。この問いについて考えていて、読者は十中八九、アイザック・アシモフの有名な「ロボット工学4原則」を思い出すはずだ。

第0条
ロボットは人類に危害を加えてはならない。また、その危険の看過によって人類に危害を及ぼしてはならない（アシモフはこの第0条を1950年に追加している。以下にあげる有名な3原則をSF小説『I, Robot』[日本語訳複数あり]のテーマにしてから8年後のことだ）。

第1条
ロボットは人間に危害を加えてはならない。また、その危険の看過によって人間に危害を及ぼしてはならない。

第2条
ロボットは人間が与えた命令に服従しなければならない。ただし人間の命令が第1条に反する場合はこの限りでない。

第3条
ロボットは第1条および第2条に反する恐れのない限り自らを守らなければならない。

　だが、アシモフが書いた他のSF小説や、その後何十年かに渡って発表した科学解説書や、この原則が当てはまりそうにない「エッジケース」を扱った小説や、後に追加提案した諸原則を読めば、上の3原則が完璧からは程遠いことがわかる。トップダウンに与えられる倫理ではしっくりこないのだ。ピントがずれているようにも思える。

Chapter 12 Utopia, Dystopia, and Cat Videos

その点で、エージェント型技術が与えてくれるものには希望が持てるように感じている。

　人に代わって仕事をしてくれるエージェントに遵守して欲しいルールを策定することによって、また、ユーザーが独自のルールを作ったり修正したりするためのツールを提供することによって、我々は最終的には何を生み出すのか。この場合、ひとつのエージェントだけについて考えるのではなく、すべてのエージェントについて、また、その機能やルールについても考えなければならない。我々はこれから、個々のケースに対応するためのビヘイビア、ルール、コンテクストを検討、構築しつつ、全体としては世界規模の巨大なデータベースを作っていくのだ。その積み重ね全体を個人が見ても訳がわからないだろうが、それこそがまさに初代汎用AIに与えるべきものなのだろう。

　我々はトリガーやルールについて検討を重ねる過程で、人類支援の究極のハンドブックを（一度に1ルールずつ）作成していくわけだ。エージェント型技術は、汎用AIが人類にとっての「グレートフィルター」となってしまう事態を回避する頼みの綱となるのかもしれない。我々は「ロボット工学4原則」の代わりに「人間性4兆原則」を手にすることになるのだ。

260　　　　　　　　　　　　　　　　　　　　第12章　ユートピア、ディストピア、ネコ動画

（ この 章 の ま と め ）

問題山積の問題

　エージェント型技術は中立ではあり得ない。自己認識、経済、倫理に影響を及ぼすだけでなく、世界観や今後の世界構想にまで関わってくるのだ。単なる「道具の進化」にはとどまらない。だがエージェント型技術がもたらすのはユートピアなのか、ディストピアなのか、それともネコ動画のレベルで終わってしまうのか。筆者はエージェント型技術が引き起こす倫理問題をこの本ですべて特定したなどと言うつもりは毛頭ないが、これが初の重要な問題提起だという点は確信している。我々は、我々の前に立ちはだかるビジネス上の問題を解決し、エージェントを世界に放ち、どうなるかを見届ける程度のことならやれると思う。だが、もしもあなたが筆者と同類の人間であるなら、本章で提起した問題を自ら考え抜き、問題の是正を図れるエージェントを自ら世界に送り込み、それをもって前述の「ユートピアなのか、ディストピアなのか、それともネコ動画のレベルで終わってしまうのか？」という疑問に対する答えにしたい、と望むはずだ。そういう人の数はどんどん増えている。こうした行動喚起こそが、次の「最終章」のテーマにほかならない。

Chapter 12 Utopia, Dystopia, and Cat Videos

第13章
今後の使命
（賛同してもらえれば、だが）

Chapter 13
Your Mission,
Should You Choose to Accept It

まずは米国のSFアクションドラマ『ファイヤーフライ宇宙大戦争』のパイロット版で見たシーンを紹介しよう。地球滅亡後の2517年の銀河系が舞台の、西部劇風宇宙冒険活劇とも言うべきSFテレビドラマシリーズで、製作総指揮はジョス・ウィードン、製作・放映は2002年だ。主人公は、銀河系の惑星を支配する「同盟軍」にしぶとく反抗し続ける反乱軍の英雄マル。侵入してくる同盟軍の戦艦から激戦地セレニティ谷を死守すべく、対空砲座に着くマル。砲のハンドルを握ると、砲身の上にヘッドアップディスプレイが現れ、攻撃対象を捕捉するための黄色いデジタルの十字照準線(レティクル)が表示される。レティクルはもうひとつある。砲身上に固定され砲弾の射出方向を示す物理的なレティクルだ。見ている者にはマルのやるべきことが瞬時にわかる。デジタルのレティクルで攻撃対象を捉えたら、それをそのまま固定型レティクルに重ねて引き金を引き、撃墜するのだ。このディスプレイのおかげで、この場面の緊迫感が一気に高まると同時に、これが単なる西部劇ではないこと、宇宙版の西部劇であることが効果的に伝えられる。

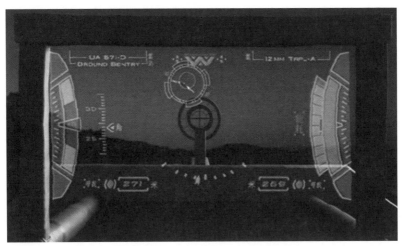

画像提供　ミュータント・エネミー・プロダクション

筆者はこの10年間デザイナーとして、かなりの時間を費やして、SF作品に登場するインタフェースを現実のものであるかのように扱い評価してきた。その筆者から見ると、この場面は再生を停止し、ポリポリと頭を掻かざるを得ないところである（ディスプレイの上部中央に、『エイリアン』シリーズ等に登場する企業、ウェイランド・ユタニのロゴがあるのを見つけてしまったからだけではない）。「待てよ。敵の正確な位置なんて、機械が把握してるよな？　じゃ、どうしてマルが照準を合わせるのを待たなくちゃいけないんだ？」

　もちろん、引き金を引くかどうかの倫理的決断は人間に下してほしいし、敵が本当に悪者なのかはしっかりと確認してもらいたいものだ。この手のことを機械に任せるのは不安すぎる。ただ、照準を合せることなら、コンピュータのほうが人間より速くて正確だろう。データを持っていることは確実だし、状況はきわめて切迫している。だったらなんで機械がやらないのか。

　そのわけは「現実の世界ではこんな場面があり得ないから」ではないだろうか。テレビの中、コンピュータの中での物語(ストーリー)にすぎないのだ。エンタメの世界ではヒーローはヒーローらしくなければならない。苦境に陥っても知恵と才覚を発揮し、不完全な道具でも何とか使いこなして、最終的には、そう、敵の宇宙船を撃墜し、土壇場で勝利を収める。人の心をがっちり掴んで放さないストーリーの世界にいる時と、問題を解決したり目的を達成するために最新の科学技術が人間をどう支援できるかを考える時では、人間の心の動きはまったく異なるのだ。両者のメンタルモデルには大きな違いがある。

　こうしたことを考慮すると、今我々がエージェント型技術について直面している課題は「機能」に関わるものだけではないことがわかる。取り組むべき課題に対して「最適の技術を正しく使えばよい」というだけの話ではない。「考え方」「感じ方」に関わるものだ。世界における我々の役割は何か。エージェント的な側面がますます大きくなってきているテクノロジーを活用して我々は何を為すべきなのか。それに関してどう議論し合っていけばよいのかが問われているのだ。

　（今これを読んでくださっているのが「人」であり、「読書エージェント」ではないという前提ではあるが）本書をここまで読み続けていただいて感謝している。筆者の主張をまとめると「エージェント型技術は（我々にとって）新しく、かつ前途有望なものであり、ひとつの研究分野を形成するのに十分な独自性がある」ということになる。すでに実用化されつつあるものも多数あり（数々の例を挙げた）、その数はますます増えていることを示してきた。さらに、このコンセプトの持つパワーを示すために、架空の家庭菜園エージェントを用いてデザインに関するアイデアも示してきた。まだ完成形には到達していないが、皆さんがベースにできるようなパターンやヒューリスティックスも紹介してきた。さらには、細部を磨き上げる際に考慮すべき、より高いレベルの視点も紹介した。

　ここまで読んで、たしかにエージェント型技術は「ブレーク間近だ」と納得してもらえたのなら素晴らしい。筆者の役目は果たせた、ということになる。書いた甲斐があった。だが、やらなければならないことはまだまだある。

　我々の日々の作業を、「人間が自ら作業をするためのツール」を求める活動から「便利で効果的で人間味のあるエージェント」を求める活動へと変えていかなければならない。

　ユーザーの目的達成を支援する製品を開発している我々の職場、業界に、エージェントというモデルを浸透させていかなければならない。

支援型技術との間で相互に補完し合えるモデルとパターンも考えていかなければならない（ちなみに、これに対する解答の多くはCSCW［computer supported cooperative work：コンピュータ支援による共同作業］の分野にあるのではないかと筆者は思っている）。製品をうまくデザインすることで、「支援モード」と「エージェントモード」の間の切り替えを、適切なタイミングで、また適切な方法で行うようにしなければならない。

また、この新しい分野のプラクティス（手法、技法）を確立するためのコミュニティの立ち上げも必要だ。何を、どんなものを求めるべきか、生産的な議論ができるよう、ターミノロジーの統一も図る必要がある。ケーススタディ、分析結果、批評、成功例、そしてもちろん失敗例も、共有しなければならない。有効性を示すデータや投資利益率など、一定の数値をはじき出して、業界リーダーと共有しなければならない。エージェント型技術のアイデアの周知を図り、新しくより優れた開発用ライブラリ、文書化技法、コンセプトモデルを共有しなければならない。我々は何を、なぜ作っているのかを世の人々に伝える具体的な手法を生み出さなければならないのだ。

以上のような課題は、付箋やホワイトボード、タブレットなどを使ったアイデア出しや、ビールを飲みながらの気楽な雑談を重ねていく中で徐々に実現されるのかもしれない。もちろん仮想世界で実現される場合もあるだろう。今まさに形成されつつあるコミュニティに、ぜひ参加してほしい。また、これからコミュニティを立ち上げようとしている人は連絡してほしい。エージェント型技術をテーマに掲げてカンファレンスを開いたり、現場関係者のコミュニティを立ち上げたりするほど勢いのある業界になる日も来るかもしれない。

いつか読者の皆さんと実際に会って、技術の進化について、望ましいデザイン対象や望ましいデザイン手法について話し合えたら最高だろう。

最後にまた別のSF作品の1場面を引用させてほしい。2014年に公開された米国映画『ガーディアンズ・オブ・ギャラクシー』の始めのほうで「ロケット」という名のアライグマの賞金稼ぎが広場の群衆の中から次なる標的を見つけ出すのに使っている技術がなかなか興味深いのだ。鼻先にかざして使う長方形の透明な板で、中心の円に重ね合わされた人物を何らかの（賢い）方法で認識し、データベースをすばやく検索して賞金額を調べ表示する。アライグマのロケットは群集の中から何人かを選んでチェックしてみるが、狙い甲斐のある人物はな

かなか見つからない。すると相棒のグルートが広場の噴水の水を手ですくってガブガブ飲んでいるのが目に入る。そんな汚いまねはやめろと叱っていると、デバイスがピーピー鳴り出す。改めてデバイスをかざしてみると、この映画の主人公ピーター・クイルの姿に反応し、高額の賞金が表示される。

画像提供　マーベル・スタジオ

　エージェント型技術の、何とも効果的、魅力的なイメージではないか（ロケットの倫理観の有無についてはとりあえず目をつぶるとして、の話だが）。このデバイスはロケットが画面を見ていようがいまいが、とにかく高額の賞金がかけられた「お尋ね者」を常に探していて、見つかるとビープ音で知らせてくれる。エージェント型のデバイスなのである。それでいて、もちろんロケットには「高度なデバイスの見守り役」以外の役割もきちんと残している。あの小さい毛むくじゃらな手で「腕試し」をして、エージェントと張り合ったり、エージェントが見逃していたことを見つけたりもする。だが他にもっと大事な用事ができれば――たとえば間抜けな相棒を叱らなければならなくなったりしたら――別にエージェントを無視してもかまわない。目的の達成をエージェントに支援してもらってはいるが、ロケット自身はいつもどおり自分流を貫けるわけだ。

　こうした場面を見るにつけ、世の中、進んできたなあ、エージェントという存在を思い描いている人はもういるんだなあ、という実感が得られる。インタラクションの新手法のヒントになる、こういった斬新なモデルが、ひと握りとはいえすでに存在するのだ。こうなると俄然、この新技術をきちんと確立して日常生活に浸透させる機会はありそうだという気がしてくる――もちろん、「やり慣れて

いるから」というだけで機械的に作業を担当し続けたり、機械や技術が主役のストーリーの脇役におとしめられてしまったりする事態は避けなければならないが。エージェント型技術は我々人間を「作業担当者」から「作業の管理者」へと格上げしてくれる。人間のパートナーとなって、人間の影響力や人間味を増してくれる。労力を省き、それでいてより良い成果をあげさせてくれる。

　『ガーディアンズ・オブ・ギャラクシー』に登場するアライグマのロケットが愛用するデバイスを使いこなす場面が、特別なものではなくなって、ごくごく日常的な風景になる、そんな日の到来が楽しみだ。

Appendix

Appendix A
エージェント型技術のタッチポイント ———————— 272

Appendix B
エージェント型技術の事例一覧 ———————————— 274

Appendix A　エージェント型技術のタッチポイント

　第6章から第9章までの各冒頭ではエージェント型システムによくあるタッチポイント（ユーザーとの接点）を紹介したが、ここではそのすべてを、参照しやすいようひとつにまとめる。ユーザーがこうしたタッチポイントに接する際に、よくある順序（時系列）で並べてみたので参考にしてほしい。これを見れば、主としてどんな時にさまざまなシナリオが相互に関連しつつ起きるのかが理解できると思う。

セットアップ ▶ 稼働中

セットアップ

機能と制約
目標や好み
許可と認証
動作テスト
調整用のツール
　　内部状態の把握
　　トリガーの調整
　　ビヘイビアの調整
本番開始
分散的なカスタマイズ

稼働中

一時停止と再開
監視
通知
　　提案
　　パフォーマンス
　　完了
誤検知（フォールス・ネガティブ）
ユーザー自身による並行作業

問題 ▶ 中断

問題

通知
　　リソース
　　懸念
　　問題
単純明快な操作
調整用ツール
　　内部状態の把握
　　トリガーの調整
　　ビヘイビアの調整
ハンドオフ
テイクバック
訓練

中断

中断手続き
ユーザーの死

さて、次の図は、第5章で紹介した「see-think-doのループ」（「現状把握→分析→実行」のループ）に即したタッチポイントを整理したものだ。タッチポイントを段階別に分類してあるので、職務の分担などで役立つはずだ。「See（現状把握）」の項目の下にリストアップしたタッチポイントは大部分がUI、ビジュアル、マイクロインタラクションのデザインに関係する。それ以外のタッチポイントは、ワークフローやインタラクションのデザイン、工業デザインに関係することのほうが多い。

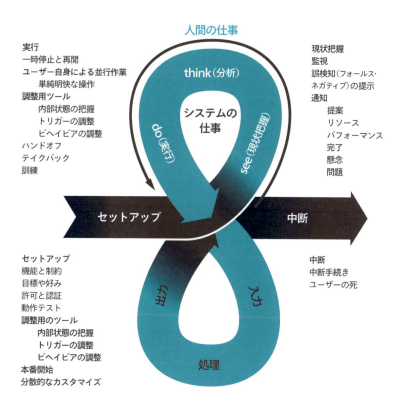

Appendix B　エージェント型技術の事例一覧

　本書ではエージェント型技術の各種事例を多数紹介している。これにより、この種の技術の実用化という大きな変化がすでに始まっていること、そしてこの技術の応用範囲が広いことを明らかにしたかったのだ。この各種事例のすべてを、参照しやすいよう以下にまとめた。本文に登場した順にリストアップしてある。いずれも現実の世界ですでに使われているエージェントであり、支援型の技術やフィクションに登場する技術は含まれていない。ただし（念のために言っておくが）これはあらゆる領域で実用化されているエージェントを網羅した包括的なリストではないし、必ずしも市場に初めて登場した応用例でも最良のケースでもない。むしろ、多くの人にとって馴染みの深い製品や、本書での説明の事例に適したものを選んだ。他に好例と思われるエージェントがあれば、詳しい説明を添えてexamples@agentive.aiに知らせてほしい。あるいはツイッターで@AgentiveTechに、#exampleのハッシュタグを付けて投稿してくれれば、なおありがたい。

第1章

コルネリウス・ドレベルのサーモスタット（1597年頃）

鶏卵孵化器に組み込まれた水銀サーモスタット。ガラス管の内部を水銀が上下することによって孵化器の上端にあるバルブが開閉し、蒸気に満たされた孵化器内部が適温に維持される。

アルバート・バッツの酸素流量調整蓋の開閉器（1885年）

ドレベルのサーモスタット同様、アナログのフィードバックループによって室温を一定に保つ温度調節装置。室温が設定温度より低くなると調節蓋が引き上げられて外気が送り込まれ、炉内の火が燃え上がり室温が上がるという仕組み。

サーモスタット「ジュエル」（1907年）

初期の機械仕掛けの壁掛け式サーモスタットで、温度計と時計が付いていた。

ヘンリー・ドレイファスの丸型サーモスタットT-86（1953年）

ヘンリー・ドレイファスがデザインした機械仕掛けの壁掛け式サーモスタットで、すべての部品が一体化された丸型の美しい製品。デザインのすばらしさが認められ、現在ではスミソニアン協会のクーパー・ヒューイット国立デザイン博物館のコレクションとなっている。

ネスト・ラーニング・サーモスタット（2011年）

多くの人が講演や著作物の中で言及・引用している、優れたデザインのディスプレイを備えた壁掛け式デジタルサーモスタット。さまざまなデータソースとユーザーの好みに配慮して、室温を快適レベルに保つ機械学習アルゴリズムが特長。

第2章

半自動式スペル修正機能（2007年頃）

初期のスペルチェックはワードプロセッサの機能のひとつで、使いたければユーザーが起動しなければならなかった。プロセッサの速度が上がるにつれて、スペルチェック機能は常時バックグラウンドで働き、ユーザーがタイプした単語のうち誤タイプの可能性のあるものに下線を引くようになった。Microsoft WordやGoogle Docs、iPhoneなどの近年のバージョンで使われているような半自動式スペル修正機能ではさらに一歩進んで、高い確率で綴り間違いや文法上の間違いと判断したケースを自動修正するようになった。ユーザーは事前に修正を通知され、取り消す機会も与えられる。

x.ai（2016年）

バーチャル秘書として相手が複数でも自動的に連絡を取り、ミーティング等の日時を決めてくれるAIサービス。ユーザーはカレンダーへのアクセスを許可した上で、バーチャル秘書、たとえば「エイミー・イングラム」をメールのccに入れれば、この秘書が忙しいスケジュールの相手との間でも、複数の選択肢を提示し、すり合わせをしてミーティングに最適な日時を決めてくれる。何か問題が生じればユーザーに連絡するし、日時が決まればもちろんカレンダーへの書き込みもしてくれる。

Pandora（2000年）
無料のラジオ型音楽配信サービス。リスナーの好みに合わせて自動選曲してくれるレコメンデーション機能が特長。基本のプレイリストとユーザーの聴取履歴を、多数の属性でカテゴリー分けした膨大なデータベースと照らし合わせて選曲する。

Spotify（2006年）
音楽配信サービス。週に1度、各ユーザーに送信される個人向けオススメプレイリスト「Discover Weekly」が特長。これは専用のアルゴリズムによる機能で、ごく細分化されたジャンルに照らし合わせたユーザーの好みや、好みの似通った他のユーザーのプレイリストをベースにする他、各ユーザーが日常使う表現で自分なりの好みを指定して選曲させる機能もある。

Googleアラート（2003年）
Google検索のキーワードや頻度等を指定すると、指定された間隔で検索を行い、合致する新着コンテンツが見つかればメールを送ってくれるエージェント型機能。

第3章

iTunesの「フォロー」（2015年）
AppleのメディアプレーヤーiTunesの機能のひとつ。好きなアーティストをフォローするよう設定すると、そのアーティストが新譜を発表するたびに通知が届く。

eBayの「followed searches」（2013年）
インターネットオークション・サイトeBayの検索機能のひとつ。ここをクリックするとその検索を保存して継続的に監視させることができる。その商品がeBayで新たに出品されると通知が来る。

レイマリンのエボリューション・オートパイロット（1984年）
英国のレイマリンが世界初の自動操舵装置を発売したのは1984年。最新シス

テムのエボリューション・オートパイロットでは、レース用ボート、クルージング
ボート、釣り用ボートの操舵の自動制御が可能だ。

ShotSpotter（1996年）

銃声検知システム。所轄の警察署との協力の下、一定の区域ごとに、電柱等
に装置を設置。インターネットに接続されているマイクを介して銃声を検知する
と、別のマイクにその銃声が届いた時のわずかな時間差を比較して方角を割り
出し、警察署の通信指令係か現場近くにいる警察官に通報する。

kitestring.io（2002年）

個人の身の安全を守ってくれるエージェント。電話番号と連絡相手を登録、
メッセージを用意して、日時を指定する。指定時刻になると、エージェントから
ユーザーに安全確認のメールが送られてくるので、ユーザーが合い言葉を入力
すると、その件はそれで終了する。ユーザーが応答しなかったり「緊急用の合
い言葉」を入力したりすると、連絡相手にメッセージが送信されるので、連絡相
手はそのメッセージに添えられた情報を見てユーザーに連絡を取り、安全を確
認できる。

IBMのシェフ・ワトソン（2014年）

IBMの質問応答・意思決定支援システム「ワトソン」を利用した料理アプリ。既
存のレシピ、関連食材に関する膨大なデータベース、ユーザーの料理の好み
をもとに斬新奇抜なレシピを創り出しては提案する。「オススメ」のレシピの傾
向を「conservative［地味系］」あるいは「adventurous［大胆系］」に指定できる。
ユーザーのコミュニティもあって、うまくいったレシピ、うまくいかなかったレシ
ピなどの情報交換ができる。

ナラティブクリップ（2012年）

角の丸い四角形をしたプラスチック製の小さなライフログ用クリップ型ウェアラ
ブルカメラ。レンズが光を検知している間は30秒に1枚ずつ写真を撮る。あと
でユーザーがインターネットに接続すると、エージェント自身が写真を自動的に
サーバにアップロードする。サーバでは複数のシーンに分割され、各シーンか

ら1枚のベストショットが選ばれる。その結果をどうするかはユーザー自身が決めるが、好みの写真をSNSで簡単に公開もできる。

アイロボットのロボット掃除機ルンバ（2002年）

アイスホッケーのパックを大きくしたような形のロボット掃除機。ユーザーが指定した時刻になると充電ステーションを離れ、対象範囲が最大限、重複度が最小限になるよう設定されているパターンで床を掃除し、電池残量がゼロに近づくと充電ステーションに戻る。

ベターメントのロボット・ファイナンシャルプランナー（2010年）

個人投資家が、「大学進学費用を稼ぐ」「毎月一定額の収入の確保」「1年間の税額を最小限に抑える」といった資産運用の具体的な目標を設定するのを手助けし、以降、その目標を達成するための（できれば目標を超える成果をあげるための）投資アドバイスをしてくれる。

図書館向け蔵書管理支援システムGOBI（2000年頃）

利用者主導型の選書エージェントで、蔵書の貸出状況に基づいて人気トピックの動向を推測し、新規購入書籍の候補を推薦するとともに、その図書館の特長や傾向に合致する蔵書を維持するための投資を薦める（この種の蔵書管理システムの「奴隷」に成り下がる危険性については、第5章の最後に添えた「ミスター・マグレガー」のコラムの「『チャック』と命名したわけ」を参照）。

Waze（2008年）

GPSを利用して渋滞や悪天候、崖崩れなどの道路情報を投稿、共有するカーナビアプリ。特筆に値するエージェント型機能は2つ。ひとつは他の多くのカーナビアプリ同様、リアルタイムで道路状況を監視し、ルートの変更等を提案してくれる機能。もうひとつは到着予定共有機能。必要事項を入力し、情報をあらかじめ他の人と共有しておくと、自分の到着予想時刻や到着遅延の通知、あるいは「到着数分前」などのアラートを送信してくれる。

IFTTT(2010年)

個人が作ったプロフィールや公に共有されているプロフィールを使ってさまざまなウェブサービスを連携させ、「インターネットベースの継続的なエージェント」にすることができるウェブサービス。

NASAの遠隔エージェント(1998年)

人工知能システムを応用した自律宇宙航行機操縦システム。1998年に無人探査機「ディープスペース1号」に搭載された。1997年の人工知能国際会議で行われた「Remote Agent: To Boldly Go Where No AI System Has Gone Before[遠隔エージェント——どのAIシステムも足を踏み入れたことのない所へ敢えて到達するために]」と題する講演によると、このシステムは「モデルベースプログラミング、宇宙船内での推論と検索、ゴール指向型閉ループ指令に基づく自律エージェントアーキテクチャで、[宇宙探査機艦隊による宇宙開発の実現に向けての]重要な一歩を記すもの」だそうだ。

第5章

庭を守る電子フクロウ(2012年)
ガーデン・ディフェンス・エレクトロニック・アウル

庭で何らかの動きを感知するたびに、プラスチック製のフクロウがそちらへ顔を向けてホーホーと鳴き、侵入してきた動物を追い払う電子版のかかし。

第8章

農業用ロボットシステム「プロスペロ」(2011年)

発明者のデイヴィッド・ドーホウトの言葉を借りると、「自律型の小型種まきロボット」。今のところ実用レベルの試作機だが、小型ロボットが群で、人間には危険な地形の場所も含めて畑にすばやく種をまくことができる。ドローンを使って収穫時期を監視したり、収穫作業を行ってしまう機能も計画されている。

ボルボのトラック用緊急自動ブレーキシステム(2013年)

この機能を備えた商用トラックは、動く物体を検知し、その軌道を予測する。衝

突してきそうな動きのものがあり、ドライバーのブレーキのかけ方が遅いと判断すると、エージェントがブレーキをかける。

オービット・イリゲーション・プロダクツのヤード・エンフォーサー（2012年）

コンセプト的には前掲のガーデン・ディフェンス・エレクトロニック・アウルに似ている。こちらは芝生用のスプリンクラーを利用し、近くで動くものを検知すると散水して追い払う。庭から害獣を追い払うことが目的。

古野電気のオートパイロットNAVpilot（2011年）

船の自動操舵装置。特筆すべき機能は、単純明快なメニューでパターン走行の種類を指定すると、目的地までそのパターンで自動操船させることができるというもの。

第11章

AppleのTime Machine（2007年）

ユーザーから指定されたMac OS用のハードドライブにバックアップをしてくれるエージェント型ソフトウェア。一定期間内の過去にさかのぼってドライブ全体、あるいは個々のファイルを修復することが可能。ハードドライブの容量が満杯にならないよう、古いバックアップ分から順次削除していく。

フェイスブックの「Year in Review」（2012年）

フェイスブックのエージェント型コンテンツ作成機能。当初は、年末になると各ユーザーの記録を見て、その年にユーザーが投稿した写真やコンテンツの中で「いいね」やコメントが多かったものを選び出してまとめ、写真をイラストのフレームで飾って、全体をカードの形にしてくれる機能だった。現在は、ユーザーが年末に自分の1年を振り返る動画を作成するよう指定すると、ユーザーが取り上げる頻度の高かったトピックを動画化して提示してくれる。ユーザーはこれを他人と共有することもできる。「友達記念日」や「フレンズデー」にも同様の動画を作成できる。細かな指定を可能にすることもできるだろうが、いずれにせよ共有するかどうかの基本的な決定権はユーザーにある。

第12章

Charlie（2016年）

ユーザーのカレンダーのスケジュールを監視して、誰かと会う予定があることを知ると、その人（たち）に関連する最近のニュースをすべて抜き出し、その要約を「会話のネタ」として1ページにまとめ、ユーザーがその人に会う2、3時間前に送信してくれるアプリ。

索引

123／ABC

7セグメントディスプレイ　170

AI革命　251

Amy Ingram　42, 275

API　110, 118

Apple Music　65

BB-8 from『スター・ウォーズ』　45, 53

Bee　126

CNLB（constrained natural language builder）　178

CSCW（computer-supported-cooperative work）　90, 267

「do（実行）」に使える技術　118

eBay　65, 188, 276

followed searches　65, 189, 276

GOBI　82, 278

Googleアラート　44, 276

GUI（グラフィカル・ユーザインタフェース）　136

HABA-MABAリスト　95

HAL from　『2001年宇宙の旅』　46

HCI　183

IBM　75, 90, 114, 277

IEEE　97

IFTTT　85, 136, 279

Input→Processing→Output　108

IoT　82, 246

iTunes　64, 236, 276

IxD　183

J・C・R・リックライダー　110

kitestring.io　73, 277

Kurbo　228

LIDAR　203

Monitor→Diagnose→Operate　108

MU/TH/UR6000 from『エイリアン』　46

NASA　87, 279

NAVpilot-711C　185

NLI（自然言語インタフェース）　136

P.U.R.　93

Pandora　43, 175, 276

Personal Shopper　65

R・マーフィー　101

Relay　214

「see（現状把握）」に使える技術　114

see-think-do　62, 108, 120, 273

ShotSpotter（銃声探知システム）　71, 218, 251, 277

Siri　132

SNS　78, 131, 228, 252

Spotify　43, 134, 173, 276

「think（分析）」に使える技術　117

Time Machine　225, 280

true negative　215

true positive　215

UX　183

Watoson（ワトソン）　75, 155, 277

Waze　83, 103

WIMP　183

x.ai　42, 275

Year in Review　226

あ

アイザック・アシモフ　259

アクション　85, 113, 173

アシスタント　51, 210, 242

アフォーダンス　50, 207

アラート機能　131

アラン・チューリング　95

アルゴトレード（Algo trading）　244

アルゴリズム　78, 115, 174, 236

アルバート・バッツ　32, 274

一時停止　113, 152

インタラクションデザイン　52, 183

腕が鈍る　209, 248

エイダ・ラブレス　94

エージェント　36, 50

エッジケース　179, 259

遠隔操作機構　118

演繹的推論　96

オーグメンテーション　229

オートコレクト機能　73, 130, 236

オートパイロット　67, 185, 276

オートヘルム　67

オートメーション　54, 95

オービッド・ヤード・エンフォーサー　183, 238, 280

音楽再生　43

音声対話　170
音声認識　115

か

ガーデン・ディフェンス・エレクトロニック・アウル
（庭を守る電子フクロウ）　119, 241, 279
解析機関　94
概念体系（オントロジー）　98, 117, 198
顔認識　115
確証バイアス　253
仮想的インタフェース　184
感情認識　115
機械学習　48, 117
機械倫理学　240
帰納的推論　96, 198
機能の伝達　130
休止モード　190
協働　90, 97, 217
共有地の悲劇　84
許可と認証　141
緊急自動ブレーキ機能付き衝突警報システム　173
クリストファー・マーロウ　90
車の自動運転　69, 81, 203
グレースフル・デグラデーション　189, 204
グレートフィルター　258
クロックテスト　201
検索エンジン　44, 237, 254
行動認識　115
誤検知　173
コルタナ　242
コンテキスト　98, 260
コントロール　62, 131
コンポーネント　54, 126, 170

さ

サービスデザイン　54, 212
サーモスタット　29, 274
再開　152
最適化　103, 237

サイバネティックス　90, 99
サマンサ from『her/世界でひとつの彼女』　45
『猿の手』　92
酸素流量調整蓋の開閉器　32, 274
ジェスチャー認識　115
シェフ・ワトソン　75, 277
ジェフリー・ブラッドショー　100
自然言語処理　115
視線検出技術　115
「自動化の皮肉」　97
シナリオ　79
シミュレーション　205
ジュエル　32, 274
ジュヌヴィエーヴ・ベル　232
条件反射　94
常識データベース　117
触覚　109
事例証拠　215
人口統計学的属性　116
心理的属性　116
神話　90, 92
推論アルゴリズム　176
推論エンジン　117, 144
スキップ　174
ストラテジスト　23, 224
スパムフィルタ　49
スペルチェッカー　41, 73
スマートフォン　35, 73, 116
スマートプレイリスト　64
スマートリプライ　41
スリープ機能　103
性格診断　115
生体認証　115
制約　98, 133, 183
制約の伝達　130
セットアップ　112
『千夜一夜物語』　92
ソーシャルワーカー　254

た

ターミノロジー　267
対話型UI　51
対話型のエージェント　51
ダグラス・ハートリー　94
タスクマネージャー　202
タッチスクリーン　170
タッチポイント　59, 272
段階的依頼　171
短期記憶　96
知覚価値　216, 129
チャーリー（Charlie）　247, 281
チャック　123
超AI　46, 232, 258
超安定性　99
超自我　255
ツイッター　134
通知　155, 159
強いAI　46
テイクバック　188, 208
ディストピア　231, 246
デイビッド・ローズ　138, 246
データストリーム　85, 153, 235
手書き文字認識　115
テキスト感情解析　115
デジタルエージェント　131, 184
テレショーファー　203
同意　208, 216
動作テスト　112, 137, 149
投資ロボット　137
「動物と機械における制御と通信」　99
特化型AI　45, 103, 199
ドナルド・ノーマン　69, 199, 206
トリガー　113
ドリフト　75
トレードオフ分析　118
ドレベル　29, 274
ドローン　126
トロッコ問題　238

な

ナノテクノロジー　249
ナラティブクリップ　77, 131, 183, 277
ニック・ボストロム　229, 258
人間拡張（ヒューマンオグメンテーション）　254
人間とコンピュータの共生　110
人間ハッキング　243
認知コンピューティング　90
認知的不協和　253
認知バイアス　83
ネスト・ラーニング・サーモスタット　34, 275
ノーバート・ウィーナー　99
ノーマン・マックワース　201

は

パーベイシブ・コンピューティング　84
バックアップ　172, 225, 280
ハプティクス　118
ハンドオフ　188, 202
反フィッツリスト　97
汎用AI　46
飛行機の自動操縦　68
ビヘイビア　113
ヒューリスティックス　212
ヒューレット・パッカード　236
フィードバックループ　31, 99, 274
フィリッパ・フット　238
フィルターバブル　253
フェイスブック　131, 226, 280
フェイルセーフ　198
フェルミのパラドックス　257
フォースタス博士　90
フォールス・ネガティブ　173, 180
フォールス・ポジティブ　173
フォロー　61
孵化器　30
物体認識　110
物理的デモンストレーション　184
物理的なコントロール　170, 184
プラクティス　221

古野電気　185, 280
フローチャート　55
プログラミング　92, 108
プロスペロ　172, 279
プロダクトオーナー　224
プロトタイプ　213
文書作成　41
文法チェッカー　41
ベターメント　79, 189, 212, 278
ペーパークリップ・マキシマイザー　258
ヘルシンキ情報技術研究所　103
ペルソナ　79, 123
ヘンリー・ドレイファス　32, 275
ポール・フィッツ　95
ホメーロス　91
ホメオスタット　99
本番開始　138

ま

マーク・ハネウェル　32
マイクロインタラクション　109, 273
マイクロフィッシュ　44
マシュー・ジョンソン　102
学び　163
「魔法使いの弟子」　93
マリア from『メトロポリス』　53, 93
丸型サーモスタット　32, 275
マンマシンインタフェース　138, 246
ミスター・マクレガー　121, 142, 160, 191
迷惑メールフィルタ　80
メソッド　183
メンタルモデル　50, 225

や

ユーザー中心設計　219
ユーザーの信頼度　216
ユーザーの代行　45, 48
ユーザビリティデザイン　212
ユビキタス・コンピューティング　84

予測　118
予測アルゴリズム　117
予防的コンピューティング　90
予防的資源管理の6つのモード　103
弱いAI　46

ら

ライブアップデート　64
ラジャ・パラスラマン　101
リザン・ベインブリッジ　97, 108, 200
リッカート尺度　216
リモートエージェント　87
利用体験　224
ルンバ　79, 278
レイマリン　67, 276
レビュー　175
ロボット工学4原則　259
ロボットとの違い　53
ロボット倫理学　240

謝辞

　長年の間、本書の出版に向けて支援の手を差し伸べてくださった下記の方々と組織・団体に心より感謝申し上げます。

　筆者の壮大なアイデアに可能性を見出してくださったローゼンフェルド・メディアのルイス・ローゼンフェルド社長。そして、本書の企画提案から出版に至るまでの長く苦しい道のりを筆者とともに辿ってくださった編集者のマータ・ジャスタック氏。

　デザイン分野のプラクティスに関わる最大級の疑問の数々を率直に口にしてみろと促してくださったスティーヴン・クロセック氏。氏の励ましがなければ、とてもできなかったことです。

　（「エージェント型」という名称が誕生する以前から）エージェント型製品の開発プロジェクトで共に働いたデザインパートナーのスージー・トンプソン氏、ジャニア・ヘイズ氏、ダン・ウィンターバーグ氏。

　行きつけの店で食事をしながら語り合い、アイデアを練り上げ、形にしていった仲間たち——マグナス・トーシュテンソン、リヴィア・スネッソン、アマンダ・ピーターソン、ジョン・ラングトン、マイケル・V・ダンドリュー、ギャヴィン・ジェンセンの各氏。

　草稿を読み、ご意見ご感想を寄せてくださった技術レビュアーの皆さん——ニール・イヤール、ジャイルズ・コルボーン、モリー・ライト・スティーンソン、ジョナサン・コーマン、アンティ・オウラスヴィタ、マシュー・ミラン、マイク・ブランド、ラファエル・アラー、ケニー・ボウルズの各氏。皆さんのご尽力のおかげで筆者は終始誠実な視点を失わず、脱線もせずに済みました。

　本書の構想や執筆の段階でもリスクを承知で筆者を招き、講演をさせてくださった組織や団体——RE:Design UX、Иннова、UX Conference and Sketchin、Øredev、Jawbone、Redshift Studio、IXDA、Normative、User Interface Engineering、UX Virtual Symposium、UX Lisbon、UX Podcast、ポッドキャストのDeparture Unknown、PRO Unlimited、Institute for the Future、APEX。講演でのプレゼンテーションや対話を通して物語に磨きをかけることができました。

　シャッフル機能とCNLBの一部バージョンのデザインに共に取り組んだキム・グッドウィン、レイン・ハレー、ダグ・ルモアーヌの各氏。

　そしてワークショップに出席してくださった方々、講演を聴きに来てくださった方々ほか、エージェント型技術に関するアイデアを共に練り上げ、形を与えて一冊の本にするための力となってくださったすべての方々。

　以上、皆様に衷心より感謝いたします。どうぞ歴史が本書を温かく迎え入れてくれますように。

著者紹介

クリストファー・ノーセル（Christopher Noessel）。インタラクションデザイン業界で製品やサービスのデザイン、各種領域のデザイン戦略のコンサルティングを手がけ、20年を超す実績を積んできたベテランデザイナー。ヒューストン大学を卒業後、小規模なインタラクションデザイン・エージェンシー「TX」を共同創設、博物館や美術館のインタラクティブな展示や環境を開発。その後、国際的なウェブコンサルタント企業marchFIRSTに所属し、情報デザイン部長を務め、インタラクションデザインのためのセンター・オブ・エクセレンスの創設にも尽力。2001年からはイタリアのインタラクションデザインの専門大学院で学び、2003年に修士号を取得した後、「Visual Basicの父」アラン・クーパー率いるサンフランシスコのUXコンサルタントファームCooperに10年間勤務、インタラクションデザインに関わる業務のうちデザイン部門のリーダー役を果たす。現職はIBMの旅行・運輸業界担当グローバルデザインプラクティス・マネジャー。IBMデザインとの緊密な提携関係の下で仕事を進めている。ちなみにノーセルのデスクは「ワトソン」の開発部門の近くにある。

ノーセルの母校はかつて北イタリアのイヴレーアにあった「インタラクションデザイン・インスティテュート・イヴレーア」。いまや伝説となりつつあるインタラクションデザイン専門の大学院で、ノーセルは初代卒業生のひとりである。卒業プロジェクトは生涯学習者向けの包括的サービス「Fresh」のデザインで、その成果を2003年にロンドンで開催されたカンファレンスmLearnで発表している。以来、今後のテロ対策の可視化にフリーランスの立場で貢献し、マイクロソフトのために未来のテクノロジーのプロトタイプを作成し、現代医療をめぐる悲惨な現状に対処するための健康状態遠隔モニタリングシステムのデザインを手がけてきた。

著作物については、何年も前からオンラインの専門誌には寄稿してきたものの、印刷体の初の著作は2005年に出版された教科書『RFID: Applications, Security, and Privacy』（シムソン・ガーフィンケル編）で、インタラクションデザインのパターンについての章を担当した。その後もスパイダーマンばりの直感力を発揮して広範なトピックに関する記事を書いては発表してきたため、世界各地で開催されるカンファレンスの講演者として招かれ、インタラクティブなナラティブ、ユーザーのエスノグラフィー調査、インタラクションデザイン、ペアデザイン手法、性に関わるインタラクティブ技術、放し飼い学習、テクノロジーの未来、人工知能、SFとインタフェースデザインの関係などなど多岐にわたるトピックで講演をするに至った他、ネイサン・シェドロフとの共著でローゼンフェルド・メディアから『Make It So: Interaction Design Lessons from Science Fiction』（邦訳『SF映画で学ぶインタフェースデザイン──アイデアと想像力を鍛え上げるための141のレッスン』）を2012年に出版。さらにブログscifiinterfaces.comも運営し、その関連イベント「SF映画の夕べ」を世界各地で開催中。2014年には『About Face: The Essentials of Interaction Design 第4版』を共著で出版。第3版（邦訳『About Face 3──インタラクションデザインの極意』2008年、アスキー・メディアワークス）の出版から6年後の改訂作業だ。

ノーセルの「ご託宣」に喜んで耳を傾けたい、という奇特な方がいらしたら、街角でノーセルとばったり出くわした折にはぜひ「今温めているトピックは？」と尋ねてみてほしい。四六時中頭の中でこねくり回している著作のネタを披露するはずだ──たとえば生成的な無作為さの奇妙で素晴らしい世界だの、ユーザーをものすごく賢くする手助けをして最終的には自身の存在価値を無にしてしまう技術のデザインだの。

287

翻訳 |

武舎広幸（むしゃ ひろゆき）
東京工業大学大学院理工学研究科博士後期課程修了。マーリンアームズ株式会社
（www.marlin-arms.co.jp）代表取締役。主に自然言語処理関係ソフトウェアの開発、
コンピュータや自然科学関連の翻訳および著作、辞書サイト（www.dictjuggler.net）の
運営などを行っている。

武舎るみ（むしゃ るみ）
学習院大学文学部卒。マーリンアームズ株式会社代表取締役。デザイン、心理学、コ
ンピュータ関連のノンフィクションや技術書、フィクションなどの翻訳を行っている。

ツールからエージェントへ。

弱いAIのデザイン
人工知能時代のインタフェース設計論

2017年9月29日　初版第1刷発行

著者　クリストファー・ノーセル（Christopher Noessel）
翻訳　武舎広幸、武舎るみ
版権コーディネート　イングリッシュ・エージェンシー

日本語版まえがき　渡邊恵太
日本語版デザイン　中澤耕平
日本語版編集　伊藤千紗

印刷・製本　シナノ印刷株式会社

発行人　上原哲郎
発行所　株式会社ビー・エヌ・エヌ新社
〒150-0022 東京都渋谷区恵比寿南一丁目20番6号
FAX: 03-5725-1511　E-mail: info@bnn.co.jp
www.bnn.co.jp

○本書の一部または全部について個人で使用するほかは、
　著作権上（株）ビー・エヌ・エヌ新社および著作権者の承諾を得ずに無断で複写、
　複製することは禁じられております。
○本書の内容に関するお問い合わせは弊社Webサイトから、
　またはお名前とご連絡先を明記のうえE-mailにてご連絡ください。
○乱丁本・落丁本はお取り替えいたします。
○定価はカバーに記載されております。

ISBN 978-4-8025-1068-4
Printed in Japan